IMPRESS NextPublishing
技術の泉シリーズ
Pythonで始める
簡単
[デスクトップアプリ開発]
ホッタ 著
PySimpleGUI
入門
Pythonで誰でも簡単に
GUIアプリが作れる!
GIJUTSU no IZUMI SERIES
泉
POWERED by NEXTPUBLISHING
技術の泉
SERIES
インプレス

JN203125

目次

はじめに …… 3
表記関係について …… 4

第1章　PySimpleGUIについて …… 5
1.1　PySimpleGUIとは …… 5
1.2　なぜPySimpleGUIなのか …… 5
1.3　開発環境 …… 7
1.4　インストール方法 …… 8

第2章　PySimpleGUIで作れるもの …… 17

第3章　PySimpleGUIの基本的なコード構成 …… 19
3.1　ライブラリーをインポートする …… 20
3.2　部品を定義する …… 21
3.3　部品を配置する …… 21
3.4　ウィンドウを表示する …… 24
3.5　動作を設定する …… 24

第4章　基本的な部品の作り方 …… 28
4.1　ポップアップウィンドウ …… 28
4.2　データ表示 …… 37
4.3　テキスト入力 …… 42
4.4　ボタン …… 48
4.5　選択入力 …… 58

第5章　便利な機能 …… 71
5.1　部品のキー設定方法 …… 71
5.2　部品更新方法 …… 77

付録A　付録 …… 82
A.1　参考サイト …… 82

おわりに …… 83

はじめに

図1: Welcome!

Pythonは最近人気のプログラミング言語です。Pythonはデータ分析、機械学習やWebアプリ制作など、幅広い用途に使われています。

また、私たちの仕事を楽にするさまざまな自動化、効率化プログラムも作成できます。初学者向けの書籍や動画教材もたくさんあり、ノンプログラマーでも業務自動化ツールを作ることができます。

このような、みなさんがPythonを学習するための教材では、プログラム実行はprint関数での表示やinput関数での入力など、テキストベースで実行することが多いと思います。

一方、みなさんがパソコンでよく使うExcelやWebブラウザーのようなアプリケーションを実行するときはどうでしょうか。アプリケーションを起動すると、GUI（グラフィカルユーザーインターフェース）という専用の画面が出てきて、ボタンやメニューなどを選択することで実行や入力ができると思います。

このように、パソコンにインストールして実行するソフトウェアのことを、デスクトップアプリケーションソフトウェア（デスクトップアプリ）といいます。

みなさんがPythonで作ったツールも、殺風景なテキストではなく、デスクトップアプリとしてGUIで操作したり表示できたらカッコいいですよね。自分だけではなく、他の人にも使ってもらいやすくなります。

でも、GUIなんて作るの大変そうだし、デザインは苦手だと思う方もいるかもしれません。私もデザインは苦手で、GUIを作るのがあまり得意ではありません。

そこで、Pythonが誇る豊富なライブラリーの出番です。Pythonには、GUIを作るためのライブラリーがいくつかあります。その中で私がオススメしたいのは、「PySimpleGUI」というライブラリーです。

PySimpleGUIは、その名の通り、シンプルなコードでGUIが作れるPythonのライブラリーです。このライブラリーを使うことで、短いコードできれいなGUIが作れます。デフォルト設定でも見栄えがよく、細かいデザインを気にしなくても大丈夫です。

最初に出てきた「ようこそPySimpleGUIの世界へ！！」のメッセージボックスは、このライブラリーで作ったものです。実はこれ、2行のコードで作れちゃうんです。

この本は、デスクトップアプリをはじめて作る人が、GUIで以下のことができるようになることを目的としています。

・どのようなGUIが作れるのかをざっと把握できる

・GUIを作るためのコードの書き方を理解し、自分のツールに応用できるみなさんがPythonで作ったツールをPySimpleGUIを使ってGUI上で操作・表示することで、簡単なデスクトップアプリを作ることができます。

なお、この本は以下の知識がある方を対象としています。

・Pythonの基本文法を理解し、簡単なプログラムを作成できる方

・パソコンにPythonの環境構築ができる方（PySimpleGUIはGoogle Colaboratoryでは実行できません）

この本で使うPythonの文法は、変数・ループ・条件分岐・関数の呼び出し・リスト・辞書です。Pythonの文法については説明しませんが、Pythonの入門書で学習したり、初心者向けの講座を受講された方であれば問題なく理解できると思います。

この本は、すべてを読む必要はありません。はじめてPySimpleGUI環境構築から行う人は1章から順番に読んでいただいて構いませんが、ある程度GUIが作れるようになったら、必要なときに必要なところだけ読むスタイルでOKです。

すでにいくつかのGUIが作れる方であれば、2章で作りたい部品を探して、4章でそのコードの書き方を調べる使い方で十分かと思います。

図2: Good luck!

この本に載せているサンプルコードはこちら（https://github.com/hotta3216/book-PySimpleGUI）に格納しています。

表記関係について

本書に記載されている会社名、製品名などは、一般に各社の登録商標または商標、商品名です。

会社名、製品名については、本文中では©、®、™マークなどは表示していません。

PySimpleGUI™とそのロゴはPySimpleSoft, Inc.の商標です。

第1章　PySimpleGUIについて

1.1　PySimpleGUIとは

PySimpleGUIは、GUIを作成するためのPythonのサードパーティーライブラリーです。サードパーティーライブラリーとは、Pythonをインストールしただけでは使えない外部ライブラリーで、各自でインストールして使う必要があります。インストール方法については、1.4節で説明します。

1.2　なぜPySimpleGUIなのか

PythonでGUIを作成するライブラリーは、他にもいくつかあります。有名なところではtkinterがあります。tkinterはPythonの標準ライブラリーに含まれているため、インストールしなくてもimportするだけで使えるメリットがあります。

しかし、tkinterはGUI部品の設定が少し複雑で、部品サイズを意識して配置していく必要があります。設定や呼び出しの構文も直感的ではなく、作りたい部品の種類ごとに書き方を習得していく必要があるため、その都度学習コストがかかります。

ここで、tkinterとPySimpleGUIを比較してみましょう。

次の図は、テキストボックスとボタンだけの簡単な名前入力アプリです。テキストボックスに文字列を入力して「Submit」ボタンをクリックすると、その結果をポップアップウィンドウに表示します。左がtkinterで作ったもので、右がPySimpleGUIで作ったものです。

図1.1: tkinter_vs_PySimpleGUI

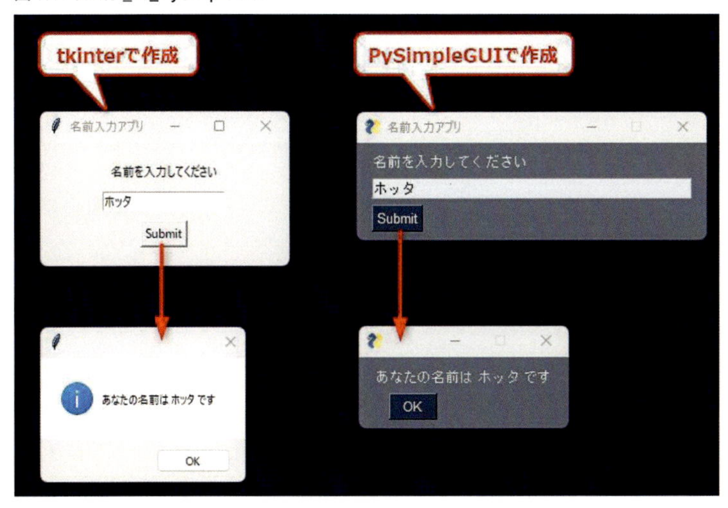

どちらも、色やフォントなどの見た目はデフォルト設定です。見た目の好みはあるかもしれませんが、PySimpleGUIの方が色がついていて、見た目がいい感じです。もちろんtkinterも設定をすれ

ば、同じように色をつけたGUIを作ることができますが、その分コードが長くなります。

次に、この部品を作るためのコードを比較してみましょう。コードの中身については3章で説明しますので、ここでは内容は理解できなくても問題ありません。

これはtkinter版のコードです。コードの長さは26行です。

リスト1.1: 1_name_app_tkinter.py

```
import tkinter as tk
from tkinter import messagebox

def clicked():
  messagebox.showinfo(
    '', f'あなたの名前は {entry_1.get()} です'
    )

root = tk.Tk()
root.geometry('250x120')
root.title('名前入力アプリ')

label_1 = tk.Label(root, text='名前を入力してください')
entry_1 = tk.Entry(root, width=20)
button_1 = tk.Button(root, text='Submit', command=clicked)
root.columnconfigure(0, weight=1)

root.rowconfigure(0, weight=1)
root.rowconfigure(1, weight=1)
root.rowconfigure(2, weight=1)

label_1.grid(column=0, row=0, sticky='s')
entry_1.grid(column=0, row=1)
button_1.grid(column=0, row=2, sticky='n')

root.mainloop()
```

次は、PySimpleGUIで書いたコードです。

リスト1.2: 1_name_app_pysimplegui.py

```
import PySimpleGUI as sg

layout = [
    [sg.Text('名前を入力してください')],
    [sg.Input()],
    [sg.Button('Submit')],
```

```
    ]

window = sg.Window('名前入力アプリ', layout)

while True:
    event, values = window.read()
    if event == sg.WIN_CLOSED:
        break
    if event == 'Submit':
        sg.popup(f'あなたの名前は {values[0]} です', title='')

window.close()
```

tkinterの26行に対して、PySimpleGUIは18行で書けます。tkinterはウィンドウ内の部品の配置場所やサイズを指定する必要がありますが、PySimpleGUIは部品をリストとして並べるだけなので、コードもtkinterよりもスッキリしていて直感的に書けます。

このように、PySimpleGUIは直感的かつ短いコードでGUIが作れます。ノンプログラマーが作りたいのは作業を自動化・効率化するためのツールであり、一般に販売するようなツールではないと思います。GUI作成のためのコード作成に時間をかけることなく、必要な機能が実現できるプログラムを速く作れる方がいいですよね。

よって、PySimpleGUIはPythonでデスクトップアプリを作りたいノンプログラマーに適しているライブラリーだと言えます。

1.3 開発環境

次に、PySimpleGUIの開発環境について説明します。

この本では、以下の環境で実行確認しています。

・OS：Windows11

・Pythonバージョン：3.12.4

・PySimpleGUIバージョン：5.0.6

この本ではWindows11で実行していますが、LinuxやmacOSでもPython環境があれば同じコードで実行できます。OSやバージョンにより、この本の画像とGUIの見た目が少し変わる可能性はありますが、GUIの機能は変わりません。

Pythonのバージョンは、2024年7月時点の最新バージョン3.12.4を使っています。ただし、PySimpleGUIはPython3.4以降に対応しているため、お使いのPythonバージョンが3.4以降であれば問題なく実行できます。

Anaconda環境でも使えます。Anaconda環境は次節で説明するインストール時のコマンドが公式Pythonと違いますが、コードの書き方や実行結果は変わりません。

2024年7月時点のPySimpleGUIの最新バージョンは、5.0.6です。バージョン5以降はライセンス登録が必要です。

個人利用であればライセンスは無料ですが、商用利用ではライセンス料がかかります。ライセンス料と個人利用、商用利用の違いについては、公式Webサイト（https://www.pysimplegui.com/pricing）を参照ください。

個人利用でも商用利用でも、アカウント登録とライセンスキーの設定が必要です。設定方法は次節で説明します。

もしアカウント登録をせずに使いたい場合は、ライセンス登録が不要なバージョン4台の最終版である4.60.5を使うことも可能ですが、すでにバージョン4台はサポートが停止されています。将来的に使えなくなる可能性もあるため、ご注意ください。バージョン5はバージョン4台と互換性があるため、本書のコードはバージョン4.60.5でも問題なく動作します。

コードは普段使っている環境で実行できます。プロンプトからの実行、IDLE・PyCharm・VS Codeなどの統合開発環境、Jupyter NotebookやJupyter Labなど、パソコン上の環境であればいずれの環境でも動作します。

ただし、Google Colaboratoryのようなクラウド上で実行する環境では動作しません。PySimpleGUIはパソコン上で動作するデスクトップアプリであり、パソコンにインストールした環境でしか実行できないので、注意が必要です。

1.4 インストール方法

次に、PySimpleGUIのインストール方法およびライセンス登録方法について説明します。インストール最初の1回だけでよいです。すでにインストールしてある環境であれば、importだけで使えます。

Windowsの公式Python環境

```
python -m pip install pysimplegui
```

Linux, macOSの公式Python環境

```
python3 -m pip install pysimplegui
```

Anaconda環境

```
conda install -c conda-forge pysimplegui
```

正しくインストールできているかは、以下のコマンドで確認します。

公式Python環境

```
pip list
```

Anaconda環境

```
conda list
```

実行すると、以下の図のように、インストールしているライブラリーの一覧を表示します。この場合は、PySimpleGUIの5.0.6のインストールを確認できます。

図1.2: バージョン確認

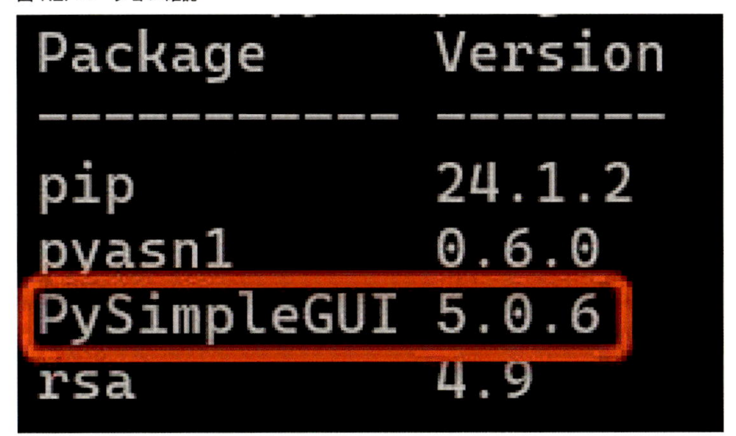

次に、ライセンス登録方法について説明します。

インストールが完了したら、なんでもよいので、PySimpleGUIのライブラリーを使用したプログラムを実行します。すると、初回は以下のような画面が出てきます。

図1.3: license画面1

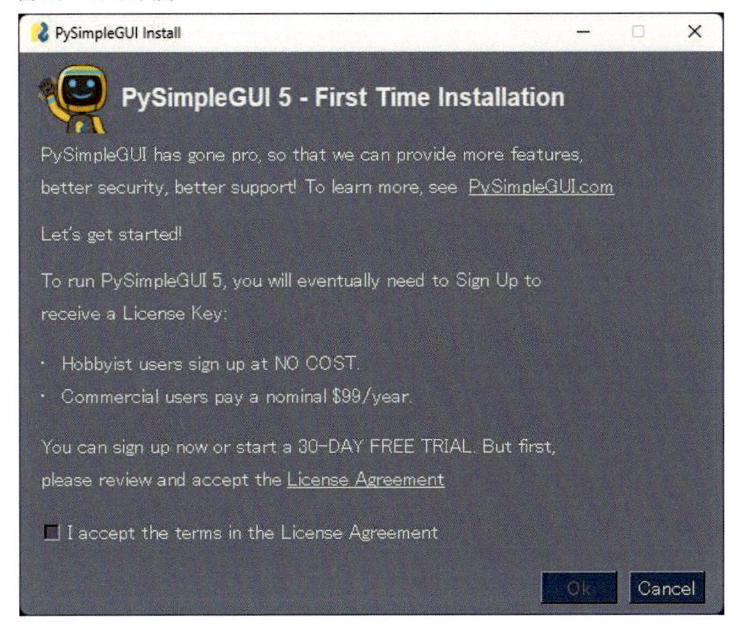

「I accept the terms in the License Agreement」にチェックを入れて、OKをクリックします。

図1.4: license画面2

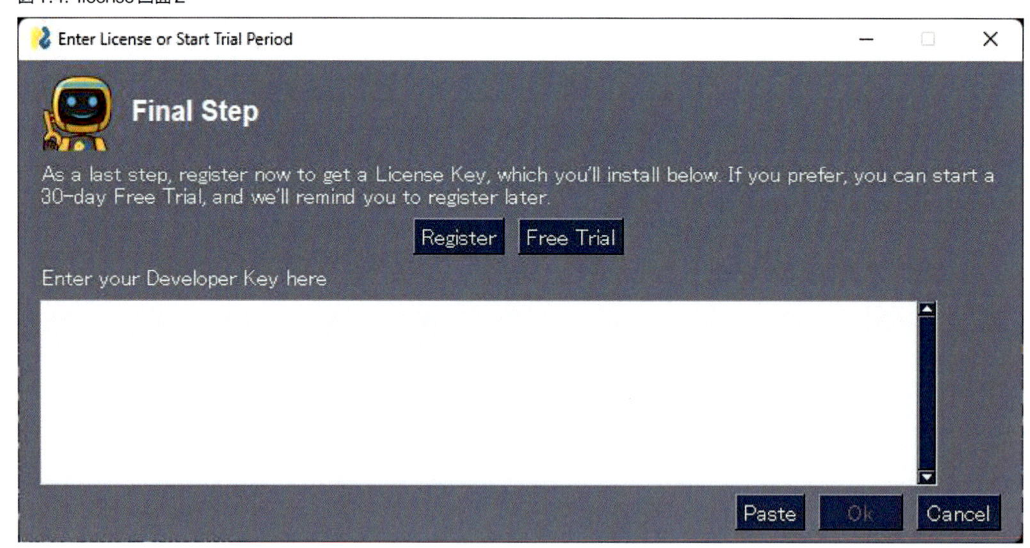

この画面で「Register」をクリックするとブラウザーの登録画面が開くので、アカウント登録に進みます。

なお、ここで「Free Trial」をクリックすると、30日はそのまま使用できますが、以下のようにメッセージが出ます。

図1.5: Free Trialでの表示

この場合は下に出ている「TRIAL PERIOD...」の赤い文字をクリックすると、ブラウザーで登録画面が開きます。

次に、アカウント登録方法です。

図1.6: アカウント登録画面1

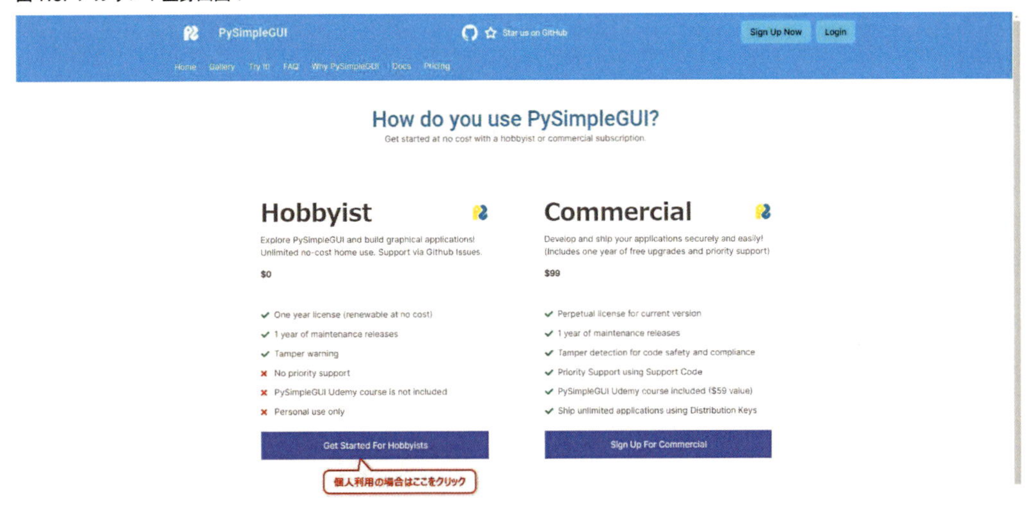

この本では、個人利用としての登録手順を説明します。ブラウザーの登録画面で左側の「Get Started For Hobbyists」をクリックします。

クリックすると、このような画面が出てきます。

図1.7: アカウント登録画面2

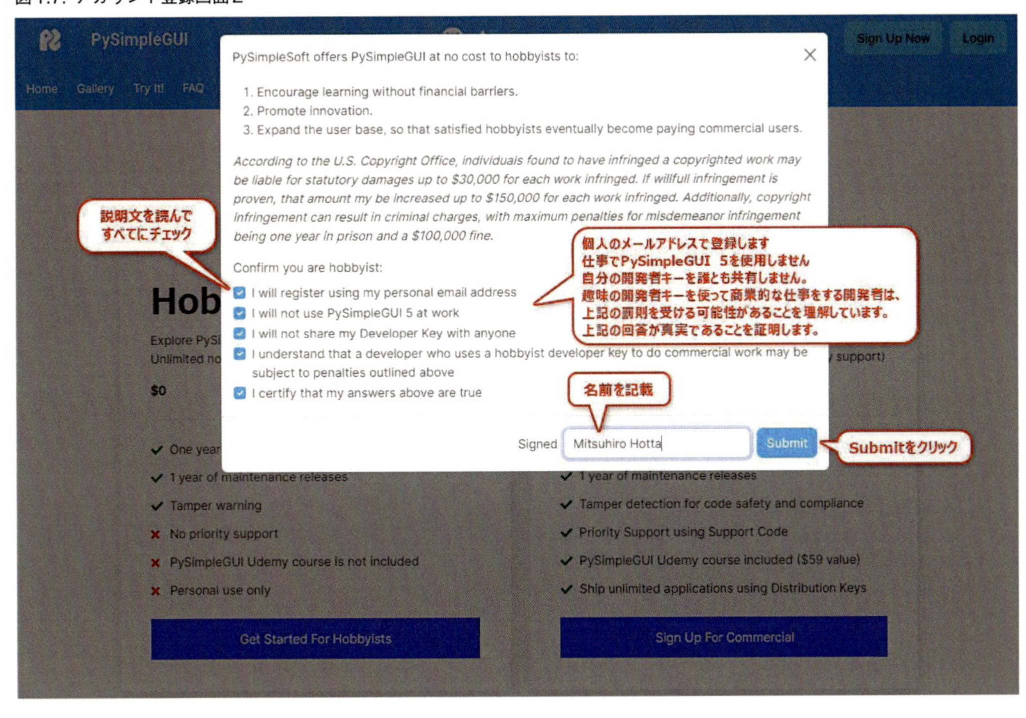

チェックを入れて名前を記入して、「Submit」をクリックします。

登録画面になるので、必要事項を記入します。GitHub IDは記入しなくても問題ありません。

図1.8: アカウント登録画面3

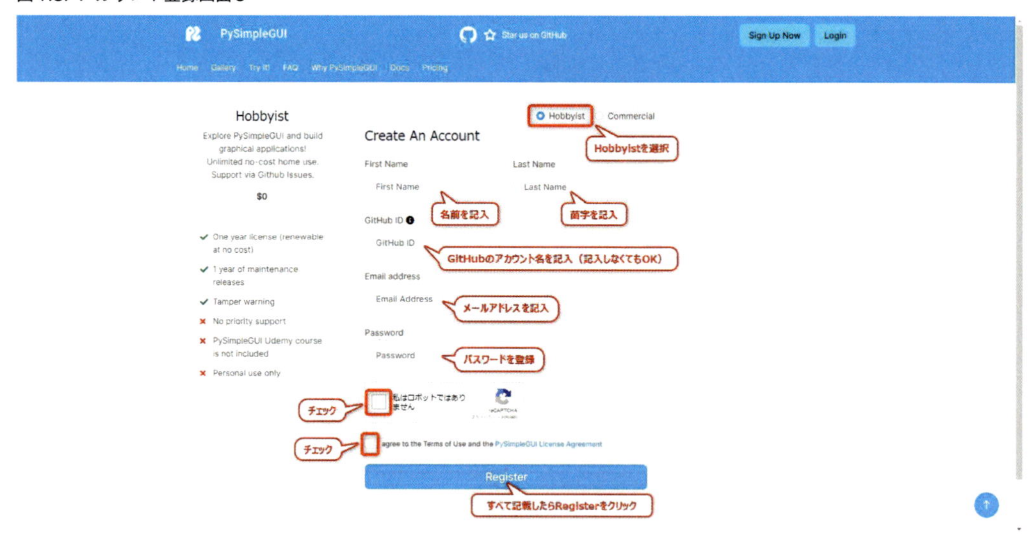

「Register」をクリックすると、以下の画面になります。

図1.9: アカウント登録画面4

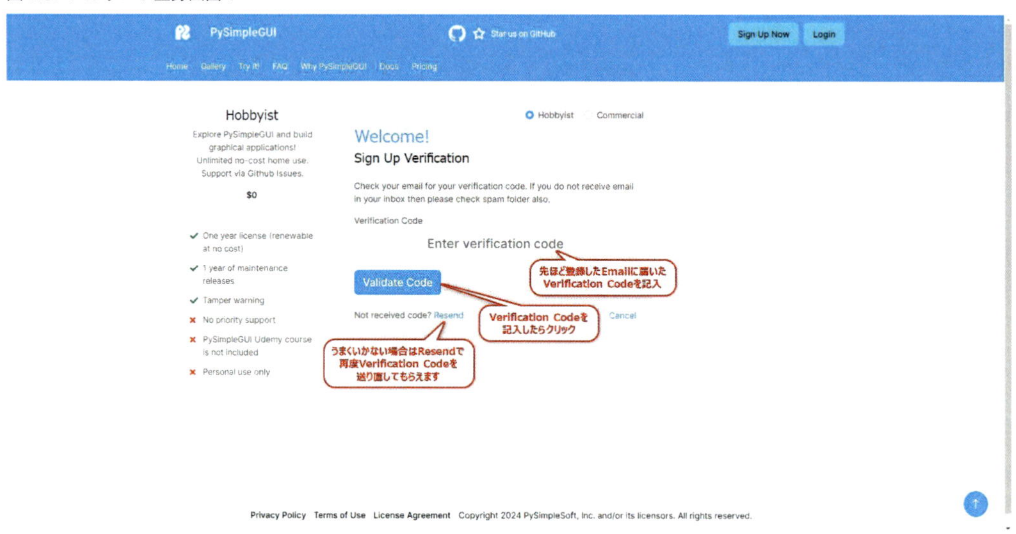

先ほど登録したメールアドレスに届いているVerification Codeを入力し、「Validate Code」をクリックします。

以下のようにライセンスキーが表示されます。なお、ライセンスキーはメールでも送られてきます。

図1.10: ライセンスキー表示画面

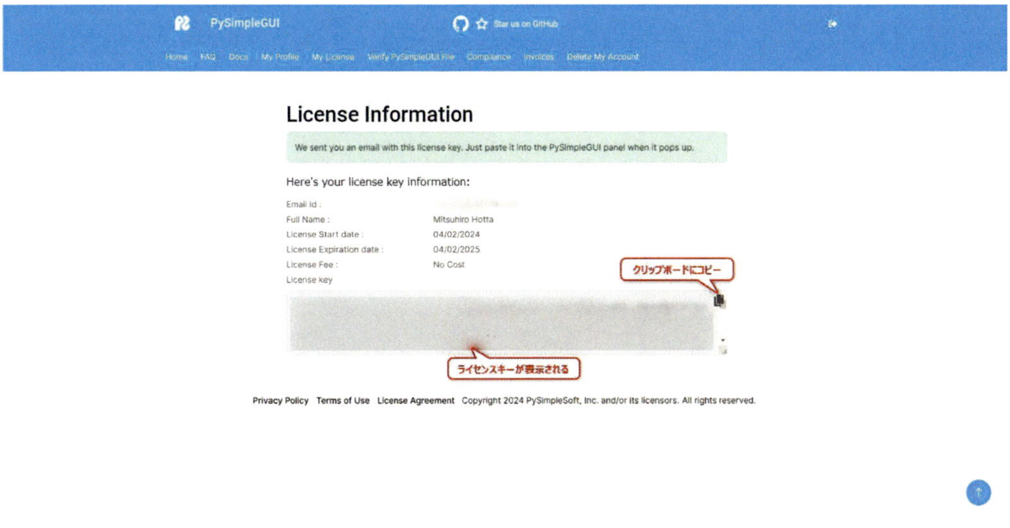

クリップボードにコピーし、最初の画面の下にある「Enter your Developer Key here」に貼り付けてOKをクリックすれば、ライセンス登録完了です。

図1.11: ライセンスキー入力画面

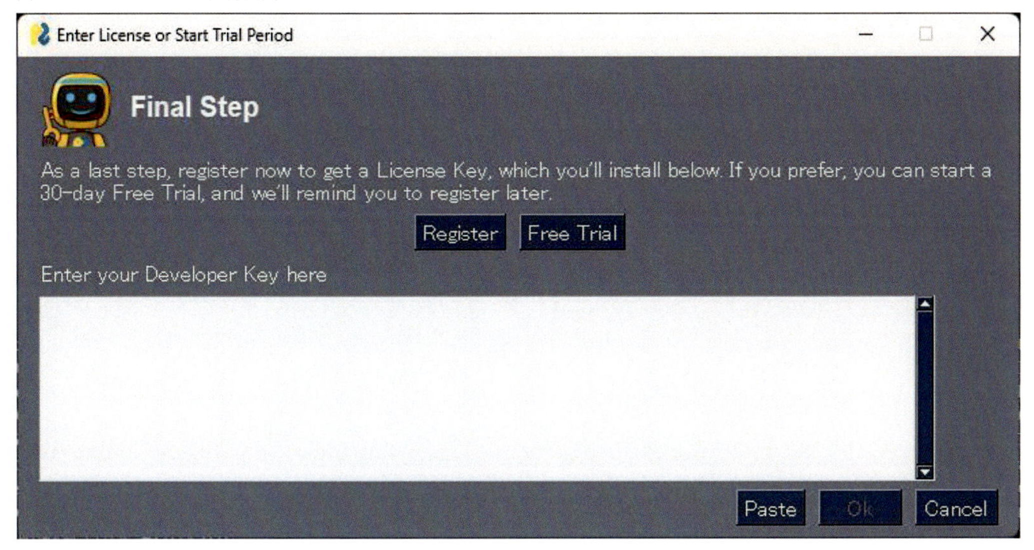

なお、最初に「Free Trial」を選択している場合は、ライセンス登録の画面が出てきませんので、以下の手順でライセンス登録します。

まず、以下のコードを実行します。

```
import PySimpleGUI as sg

sg.main()
```

すると、以下のようなGUIが表示されます。

図1.12: PySimpleGUI Home

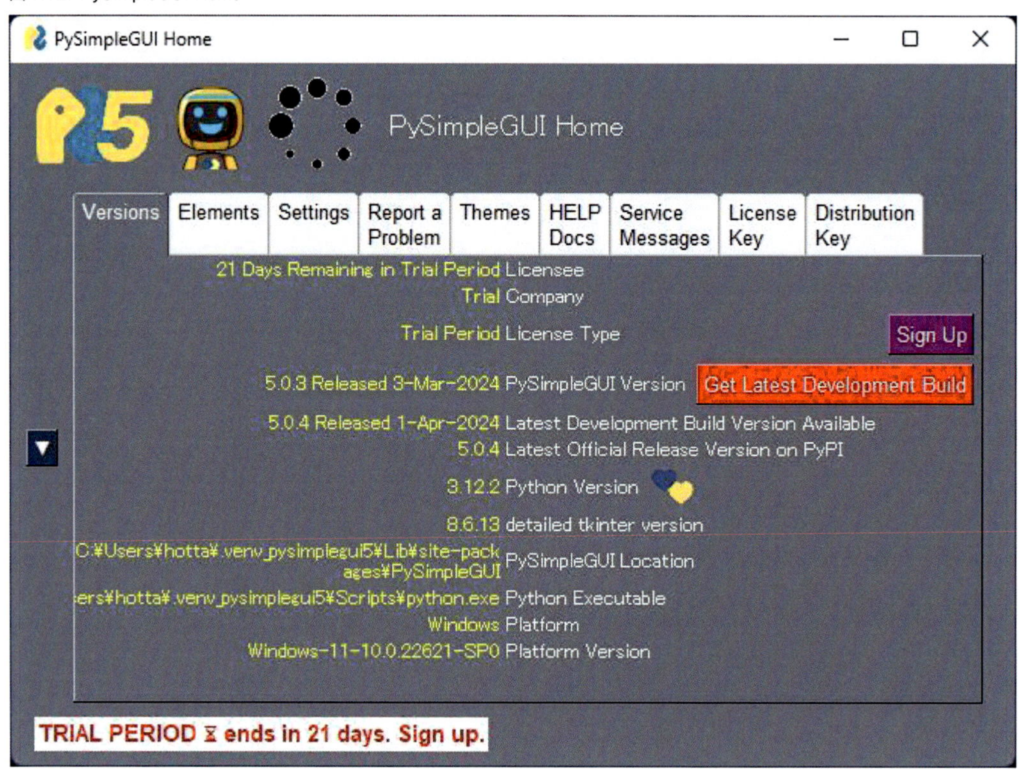

License Keyタブをクリックし、先ほど表示されていたライセンスキーを貼り付けて「Install」をクリックすれば、登録完了です。

図1.13: PySimpleGUI Homeのライセンスキー入力画面

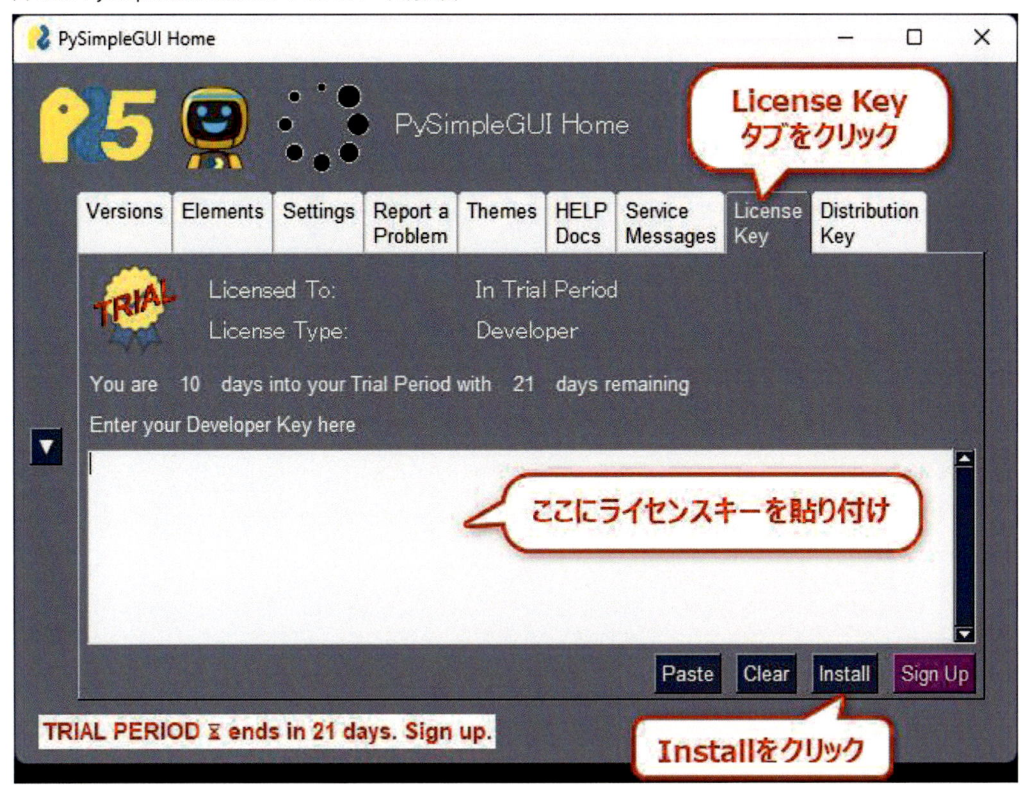

登録完了するとこのような画面が表示され、登録が完了しました。

図1.14: ライセンスキー登録確認

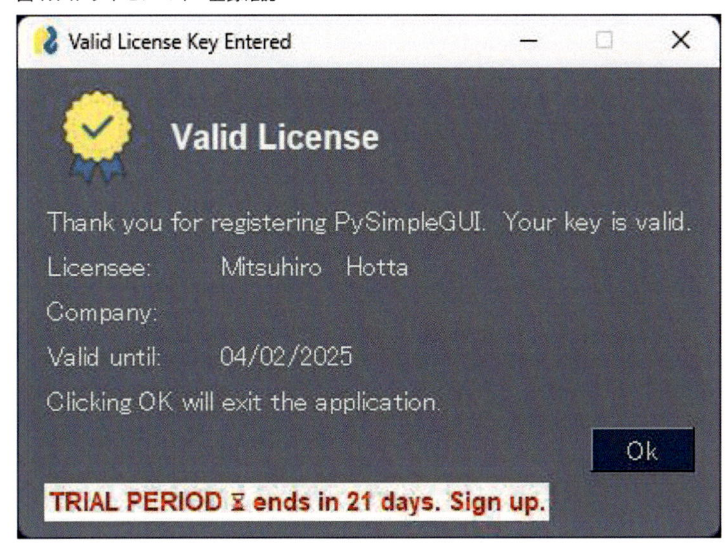

このウィンドウの下の「TRIAL PERIOD...」の文字は、トライアル登録していた場合のみ表示さ

れます。

ちなみに、ライセンスキーがわからなくなった場合は、PySimpleGUIのWebサイト（https://www.pysimplegui.com/）の右上にあるLoginボタンからメールアドレス、パスワードを入力すると再表示されます。

これで、PySimpleGUIを使う準備ができました。2章では、PySimpleGUIでどんなGUIが作れるのかについて説明します。

第2章　PySimpleGUIで作れるもの

この章では、この本で説明するGUI部品をまとめて紹介します。使いたい部品を探してみてください。それぞれの部品のコードは4章で説明します。図中の番号は4章での項番号を表しています。

この本で紹介しているGUI部品は、簡単なデスクトップアプリを作る際によく使いそうな基本的な部品です。PySimpleGUIでは他にも多くの種類の部品が用意されています。ここに載っていない部品を作りたい方はPySimpleGUI公式ドキュメント（https://docs.pysimplegui.com/）や、部品（Element）一覧ページ（https://docs.pysimplegui.com/en/latest/documentation/module/elements/）で探してみてください。

図 2.1: PySimpleGUI で作れる主な部品一覧

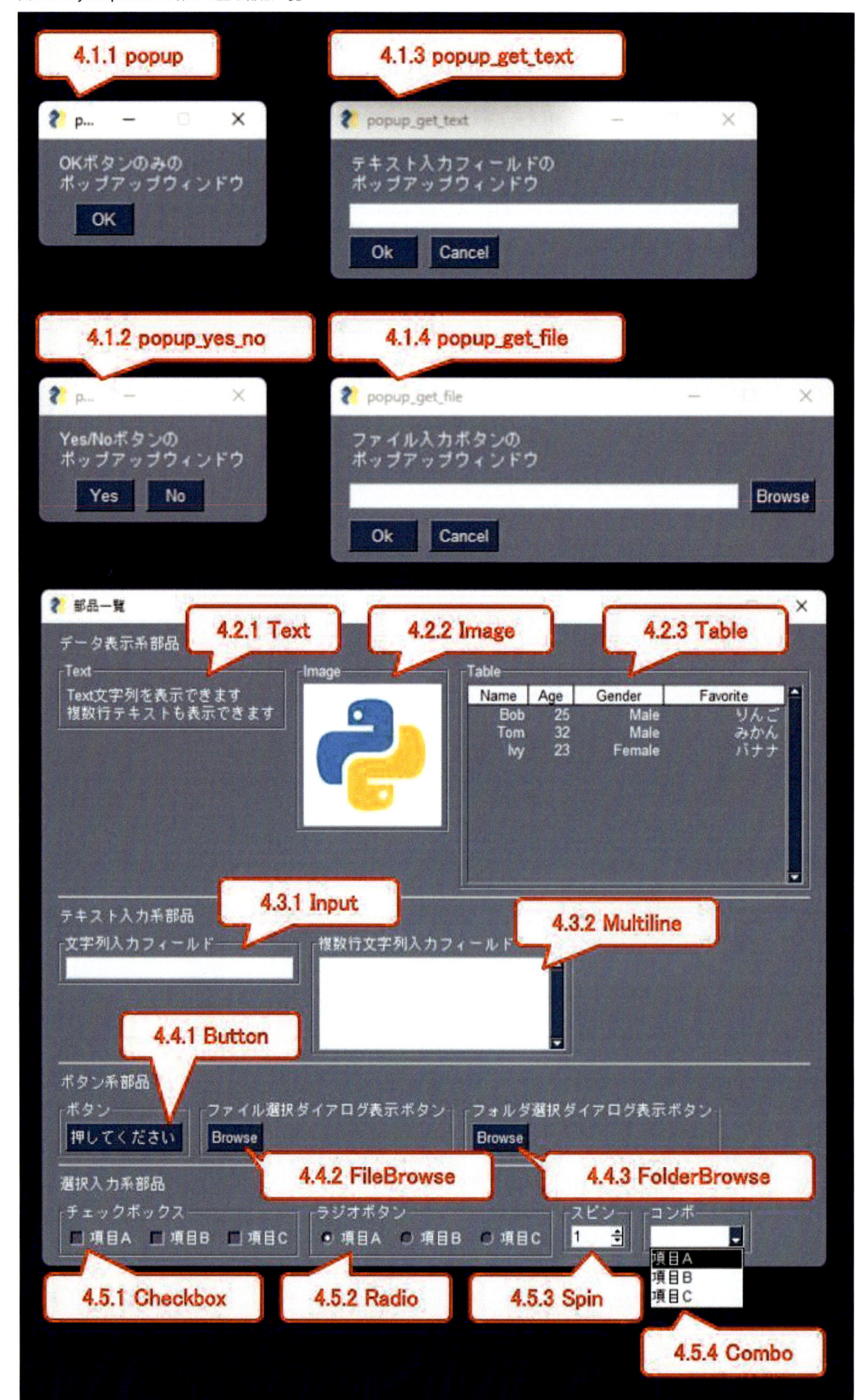

第3章　PySimpleGUIの基本的なコード構成

この章では、PySimpleGUIのコード構成を説明します。デスクトップアプリを作るのに必要なGUI部品の設定、ウィンドウへの配置、部品の動作や入力内容の読み取り方法を説明します。

1章で例に出した名前入力アプリを例に説明します。このアプリは「名前を入力してください」というテキスト、テキスト入力フィールドと、Submitボタン、Cancelボタンで構成します。

Submitボタンをクリックしたときにテキスト入力フィールドに入力した文字列を読み取り、ポップアップウィンドウにその内容を表示しています。

今回は、クローズ処理の説明のためにCancelボタンを追加しました。Cancelボタンをクリックすると、何もせずにアプリのウィンドウを閉じます。

図3.1: 名前入力アプリ

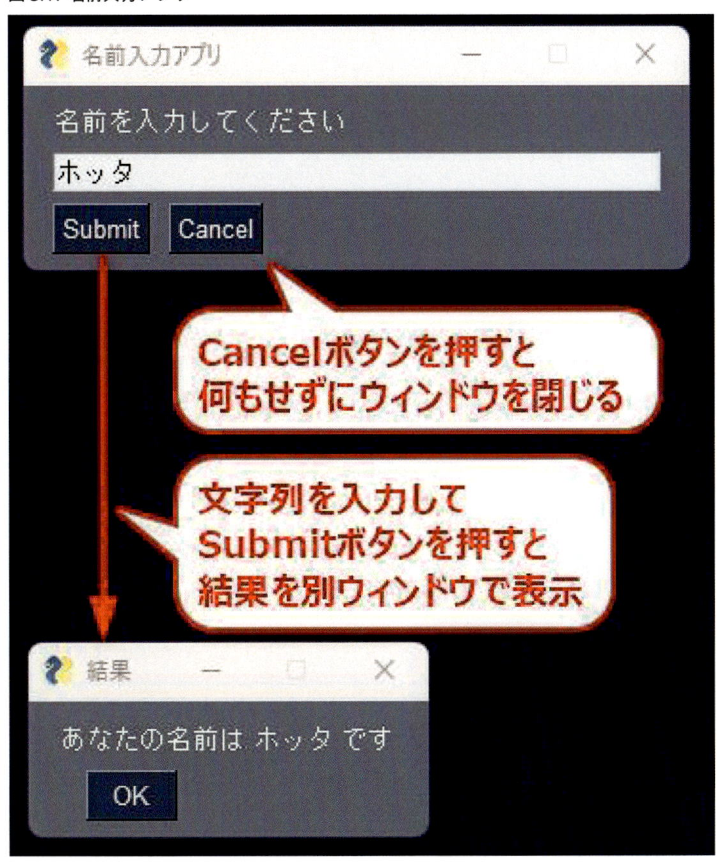

コードの全体は以下です。

リスト3.1: 3_name_app.py

```
# ライブラリーをインポート
import PySimpleGUI as sg

# 部品を定義し、配置順で2次元リストを作成
layout = [
    [sg.Text('名前を入力してください')],
    [sg.Input()],
    [sg.Button('Submit'), sg.Button('Cancel')],
    ]

# ウィンドウを表示し部品を配置
window = sg.Window('名前入力アプリ', layout)

# イベント待ちのための無限ループ
while True:
    # ウィンドウ読み取り
    event, values = window.read()

    # Submitをクリックしたときの処理
    if event == 'Submit':
        sg.popup(f'あなたの名前は {values[0]} です', title='結果')

    # Cancelをクリックまたはウィンドウクローズ時はループを抜ける
    if event == None or event == 'Cancel':
        break

# 最後にウィンドウを閉じて終了
window.close()
```

3.1 ライブラリーをインポートする

最初に、ライブラリーをインポートします。これで、PySimpleGUIライブラリーが使えるようになります。PySimpleGUIというライブラリー名は長いので、sgという名前に変えてインポートします。こうすることで、ライブラリーのクラスや関数を呼び出すときは、sg.Text()のように短い名前で呼び出せます。

```
import PySimpleGUI as sg
```

3.2 部品を定義する

まずは、ウィンドウに配置する部品を設定します。今回は「名前を入力してください」というテキスト、テキスト入力フィールド、Submitボタン、Cancelボタンを作ります。

図3.2: 名前入力アプリ

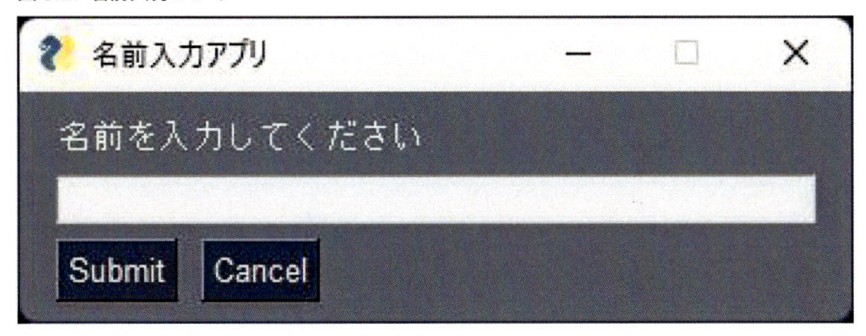

テキスト配置は、sg.Text()オブジェクトを使います。引数に文字列を渡すことで、その文字列をそのまま表示します。今回は「名前を入力してください」と表示させたいので、以下のようなコードになります。

```
sg.Text('名前を入力してください')
```

テキスト入力フィールドは、sg.Input()オブジェクトを使います。引数は不要です。

```
sg.Input()
```

ボタン配置は、sg.Button()オブジェクトを使います。引数に文字列を渡すことで、その文字列をボタンに表示します。SubmitボタンやCancelボタンは、以下のようなコードで定義できます。

```
sg.Button('Submit')
sg.Button('Cancel')
```

これで、部品の定義ができました。

3.3 部品を配置する

次に、これらの部品の配置場所を設定します。部品の配置は2次元リストで設定します。

今回は「名前を入力してください」というテキスト、テキスト入力フィールド、Submitボタンが縦に並んでいて、Submitボタンの右横にCancelボタンが並んでいます。この並びを2次元リストの変数layoutに格納します。

```
layout = [
    [sg.Text('名前を入力してください')],
    [sg.Input()],
    [sg.Button('Submit'), sb.Button('Cancel')],
    ]
```

この2次元リストを表形式で表現すると、以下になります。

	0	1
0	sg.Text('名前を入力してください')	
1	sg.Input()	
2	sg.Button('Submit')	sg.Button('Cancel')

ウィンドウ上での配置は、以下の図のようになります。

図3.3: 名前入力アプリ

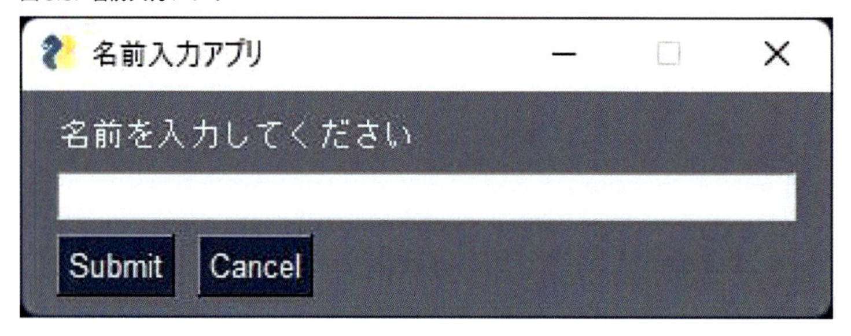

部品の配置場所を変えたいときは、2次元リストの構成を変えます。たとえば、「名前を入力してください」の右にテキスト入力フィールドを配置したい場合は、以下のようなコードにします。

```
layout = [
    [sg.Text('名前を入力してください'), sg.Input()],
    [sg.Button('Submit'), sb.Button('Cancel')],
    ]
```

わかりやすいように、2次元リストを表形式で表現してみます。

	0	1
0	sg.Text('名前を入力してください')	sg.Input()
1	sg.Button('Submit')	sg.Button('Cancel')

実際に配置した結果は、以下のようになります。ちゃんと部品が横に並びました。

図3.4: 横並びのテキストと入力フィールド

このように、部品を2次元リストで表現することで、ウィンドウ内の配置場所を制御できます。部品の数が増えても、リストの要素数を増やしていけばよいのです。こんな感じに、縦横組み合わせて自由に部品を並べることもできます。

図3.5: 名前入力アプリ改

この場合のコードと2次元リストの構成は、以下です。

```
layout = [
    [sg.Text('名字'), sg.Input(), sg.Text('名前'), sg.Input()],
    [sg.Text('住所'), sg.Input()],
    [sg.Text('電話'), sg.Input()],
    [sg.Button('Submit'), sg.Button('Cancel')],
    ]
```

	0	1	2	3
0	sg.Text('名字')	sg.Input()	sg.Text('名前')	sg.Input()
1	sg.Text('住所')	sg.Input()		
2	sg.Text('電話')	sg.Input()		
3	sg.Button('Submit')	sg.Button('Cancel')		

このように、2次元リストをウィンドウの平面として考えると、配置がイメージできると思います。

3.4 ウィンドウを表示する

部品の配置を2次元リストに設定したら、次はその部品を配置したウィンドウを表示します。

sg.Window()オブジェクトでウィンドウを画面に配置します。この後でウィンドウの動作を読み取る必要があるため、ウィンドウのオブジェクトをwindowという変数に代入しておきます。

```
window = sg.Window('名前入力アプリ', layout)
```

sg.Window()オブジェクトの第1引数は、ウィンドウのタイトルバーに表示する文字列です。ここでは「名前入力アプリ」としています。第2引数には配置する部品を、先ほど定義した2次元リスト変数layoutを渡します。

これでウィンドウを画面に表示します。ウィンドウのサイズは、部品の配置によって自動的に決まります。

図3.6: タイトルバーの設定

3.5 動作を設定する

最後に、GUIでの動作を読み取るコードを書いていきます。コードの以下の部分を解説します。

```
while True:
    # ウィンドウ読み取り
    event, values = window.read()

    # Submitをクリックしたときの処理
    if event == 'Submit':
        sg.popup(f'あなたの名前は {values[0]} です', title='結果')

    # Cancelをクリックまたはウィンドウクローズ時はループを抜ける
    if event == None or event == 'Cancel':
        break
```

ウィンドウの読み取り

まずは`while True:`で無限ループを書きます。なぜ無限ループが必要かというと、ウィンドウを表示したら、そのウィンドウに何らかのアクションがされるのをずっと待ち続ける必要があるためです。

次に、ウィンドウのアクションの読み取りを行います。

```
event, values = window.read()
```

`window.read()`メソッドは、ウィンドウに何らかのアクションをしたときに、そのアクションの内容（イベント）を変数eventに、その時点のウィンドウにある部品に入力した内容（データ）を変数valuesに格納します。変数eventは文字列型またはNoneで、変数valuesは辞書型です。

ここで、この式の文法的な意味について補足します。`window.read()`は2要素のタプルを返します。この式はその2要素のタプルをふたつの変数に同時に代入するアンパックという書き方です。1要素目を変数eventに、2要素目をvaluesに格納しています。

この式は、以下のコードと同じ動作です。

```
get_window = window.read()
event = get_window[0]
values = get_window[1]
```

変数get_windowは2要素のタプルです。それぞれの要素を変数eventと変数valuesに代入しています。この書き方よりも、アンパックを使うほうが1行で書けます。アンパックはスマートでPythonらしい書き方であり、Pythonではよく使われます。

イベント

ウィンドウに何らかのアクションをするとイベントが発生し、その内容が変数eventに格納されます。

今回のアプリでは、クリックすることでイベントが発生する部品は3つあります。

・Submitボタン：入力を読み取り

・Cancelボタン：何もせずにウィンドウを閉じる

・ウィンドウ右上のXボタン：何もせずにウィンドウを閉じる

まず、Submitボタンをクリックしたときの動作を説明します。

Submitボタンをクリックすると、変数eventには文字列`'Submit'`が格納されます。PySimpleGUIのデフォルト設定では、ボタンのテキスト名がイベント名になります。よって、if文の条件式には変数eventに`'Submit'`が格納されているかどうかの判定を書きます。

```
if event == 'Submit':
    sg.popup(f'あなたの名前は {values[0]} です', title='結果')
```

sg.popup()関数は、シンプルなポップアップウィンドウを表示する関数です。この章の前半では2次元リストを使って部品を作りましたが、この関数は以下のように、テキストとOKボタンのみの簡易的なGUIを表示します。

図3.7: 名前入力アプリ実行結果

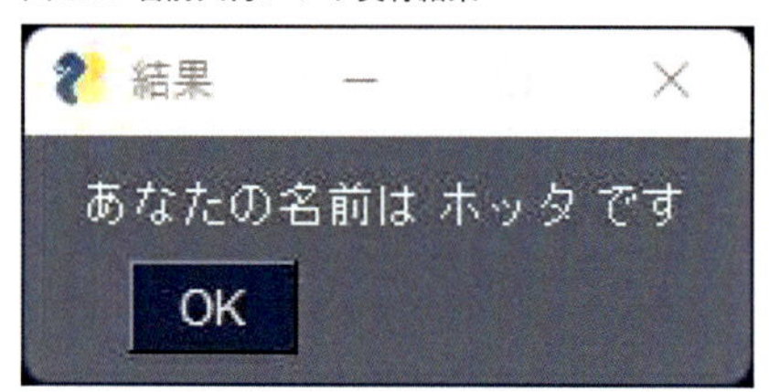

sg.popup()の第1引数には、表示する文字列を渡します。キーワード引数title=に文字列を渡すと、ポップアップウィンドウのタイトルバーにその文字列を表示します。title=を省略すると、第1引数の文字列をタイトルバーに表示します。

sg.popup()で表示するポップアップウィンドウは、OKボタンをクリックすると閉じるようにあらかじめ設定されています。

この本では、print関数のように変数の内容を表示するのにsg.popup()をよく使いますので、覚えておいてください。

次に、ウィンドウを閉じる処理を説明します。ウィンドウ右上のXボタンをクリックしたときは、Noneが変数eventに格納されます。Alt+F4（Windowsの場合）でウィンドウを閉じたときも、同様にNoneが変数eventに格納されます。

Cancelボタンをクリックすると、変数eventには文字列'Cancel'が格納されます。

ウィンドウ右上のXまたはCancelボタンをクリックしたときにウィンドウを閉じる処理は、以下のコードになります。if文の条件式に変数eventがNoneか'Cancel'になるかどうかの判定を書き、break文で無限ループを抜ける処理を書いています。

```
if event == None or event == 'Cancel':
    break
```

データ

次に、ウィンドウの中の部品に入力したデータの取得方法を説明します。以下のコードでは、ウィンドウに何らかのアクションをしたとき、ウィンドウ内の部品に入力した内容（データ）を変数valuesに格納します。

```
event, values = window.read()
```

変数valuesは辞書型です。辞書型は、キーとその値であるバリューの組み合わせをひとつ以上持ちます。

window.read()で読み込んだデータは、デフォルト設定ではウィンドウに配置した部品の2次元リストで先に出てくる順番に整数型で0, 1, 2...というキーを設定し、入力した値をそのキーのバリューとして格納します。

今回は入力できる部品は、`sg.Input()`で定義するテキスト入力フィールドひとつのみです。よって、テキスト入力フィールドで入力した文字列は、辞書型変数valuesのキー0のバリューに格納され、values[0]で読み出すことができます。

ここでは、Submitをクリックしたときのポップアップウィンドウでvalues[0]を使っています。

```
if event == 'Submit':
    sg.popup(f'あなたの名前は {values[0]} です', title='結果')
```

クローズ処理

最後にクローズ処理を書きます。`window.close()`メソッドでウィンドウを閉じます。ウィンドウ右上のXをクリックしたときはその時点でウィンドウが閉じますが、Cancelボタンで閉じるためには、Whileループを抜けたあとにクローズ処理を書く必要があります。

```
window.close()
```

以上で基本的な部品の設定・配置方法や、イベント・データの取得方法を説明しました。この章ではテキスト・テキスト入力フィールド・ボタンの部品で説明しましたが、他の種類の部品でも基本的なコードの書き方は変わりません。

4章では2章で記載したいろいろな部品ごとに、コード書き方とGUIの動作を説明します。

第4章　基本的な部品の作り方

この章では、ノンプログラマーがデスクトップアプリを作るのに最低限必要なGUI部品のコードの書き方を説明します。この章で載せている部品は、2章「PySimpleGUIで作れるもの」の図にある部品です。

ここでは、部品を大きく5つの種類に分けて説明します。

1．ポップアップウィンドウ
2．データ表示
3．テキスト入力
4．ボタン
5．選択入力

なお、この本では最低限のオプション設定のみ記載していますが、実際は非常に多くのオプションがあります。詳しい設定を知りたい方は、各部品の説明の後に記載している公式ドキュメントのリンクを参照ください。

4.1　ポップアップウィンドウ

ポップアップウィンドウは、もっとも簡単に作れるGUIです。ポップアップウィンドウ以外の部品は、3章で説明したように配置を2次元リストに格納してからウィンドウで表示する必要がありますが、ポップアップウィンドウは関数を呼び出すだけで作れます。ボタンをクリックした結果が関数の戻り値になるので、読み込みのためのループやクローズ処理を書く必要がありません。そのため、コード1行でGUIが作れるのが特徴です。

ここでは、以下の4つの部品について説明します。

1．popup（OKボタンのみのポップアップウィンドウ）
2．popup_yes_no（Yes/Noボタンのポップアップウィンドウ）
3．popup_get_text（テキスト入力のポップアップウィンドウ）
4．popup_get_file（ファイル入力のポップアップウィンドウ）

4.1.1 popup（OKボタンのみのポップアップウィンドウ）

図4.1: popup

sg.popup()関数は、テキスト、OKボタンのシンプルなポップアップウィンドウです。print関数のように、入力や結果の表示に使います。

リスト4.1: 4_1_1_popup.py

```
import PySimpleGUI as sg

value = sg.popup('OKボタンのみの\nポップアップウィンドウ', title='popup')

sg.popup(value) # popupの戻り値を表示
```

配置方法

```
sg.popup('表示文字列', title='タイトル文字列')
```

表示したい文字列を第1引数に渡します。title=にはタイトルバーに表示する文字列を設定できます。title=を省略した場合は、表示文字列をタイトルバーに表示します。

値の取得方法

sg.popup()の戻り値は以下の通りです。戻り値を使わない場合は変数代入をせずにsg.popup()だけ書いてもよいです。

アクション	戻り値
OKをクリック	'OK'
Xをクリック	None

実行例

図 4.2: OK ボタンのみの popup

実行後の変数 values 表示

OK をクリックしたとき

図 4.3: OK をクリックしたときの結果

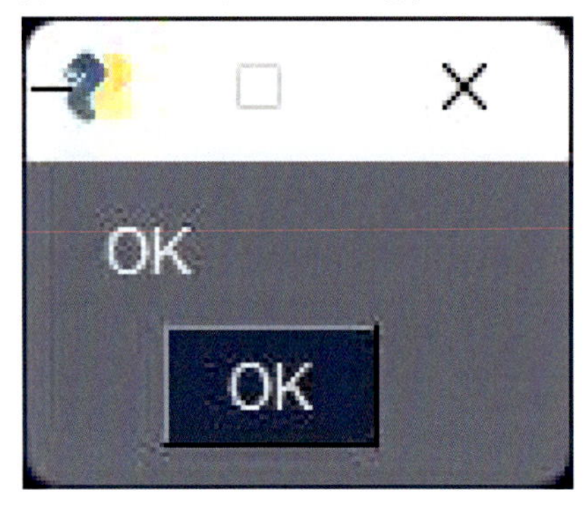

X をクリックしたとき

図 4.4: X をクリックしたときの結果

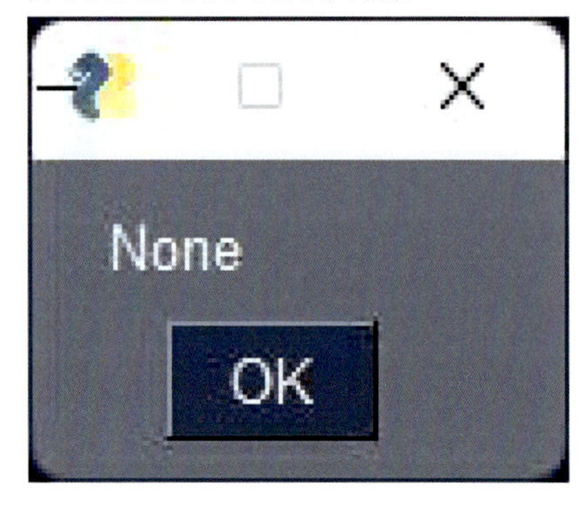

4.1.2　popup_yes_no（Yes/Noボタンのポップアップウィンドウ）

図4.5: Yes/Noボタンのポップアップウィンドウ

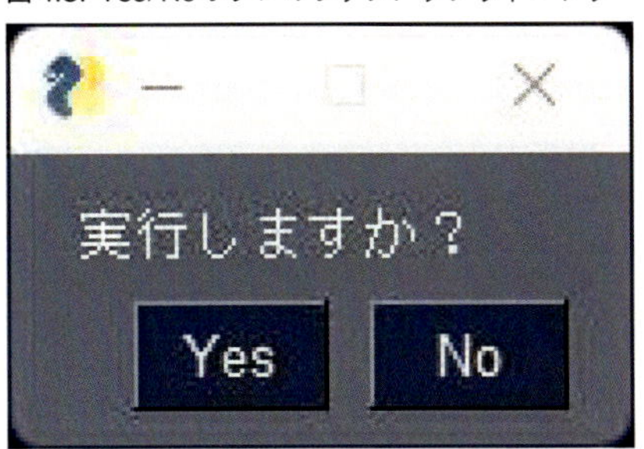

sg.popup_yes__no()関数は、テキスト、Yesボタン、Noボタンのポップアップウィンドウです。実行確認のように、2択の選択肢の入力に使います。

なお、sg.popup_ok_cancel()という関数もあります。これはボタンがOKとCancelの2択になります。

リスト4.2: 4_1_2_popup_yes_no.py

```
import PySimpleGUI as sg

value = sg.popup_yes_no('実行しますか？', title='確認')

sg.popup(value) # popup_yes_noの戻り値を表示
```

配置方法

```
sg.popup_yes_no('表示文字列', title='タイトル文字列')
```

表示したい文字列を第1引数に渡します。title=にはタイトルバーに表示する文字列を設定できます。title=を省略した場合は、表示文字列をタイトルバーに表示します。

値の取得方法

sg.popup_yes_no()の戻り値は以下の通りです。

アクション	戻り値
Yesをクリック	'Yes'
Noをクリック	'No'
Xをクリック	None

実行例

図4.6: Yes/Noボタンのポップアップウィンドウ

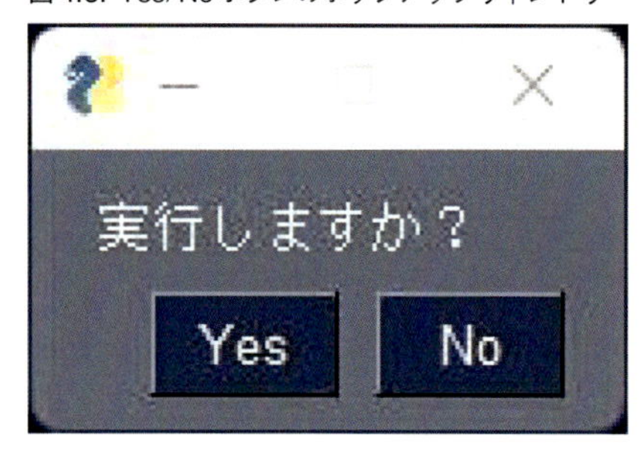

実行後の変数values表示

Yesをクリックしたとき

図4.7: Yesをクリックしたときの結果

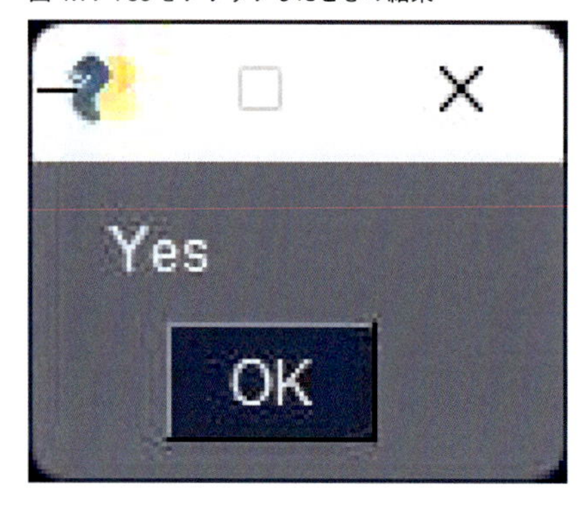

Noをクリックしたとき

図4.8: Noをクリックしたときの結果

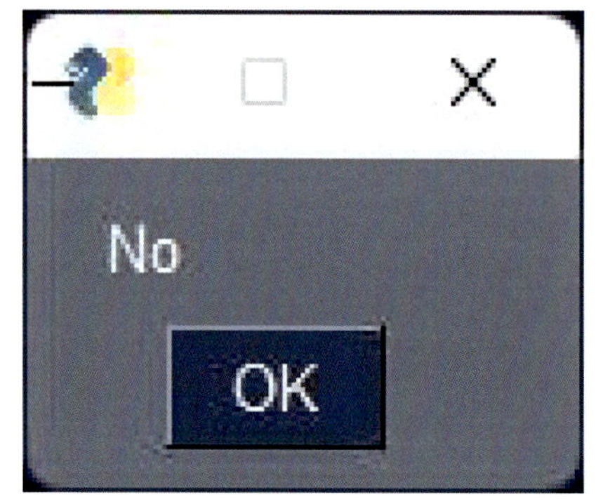

4.1.3　popup_get_text（テキスト入力のポップアップウィンドウ）

図4.9: テキスト入力のポップアップウィンドウ

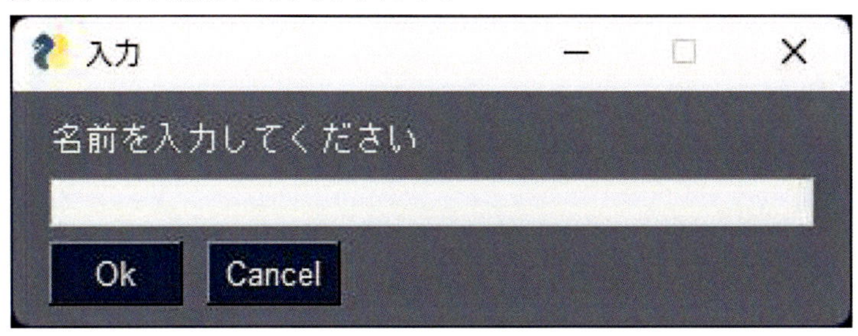

sg.popup_get_text()関数は、テキスト、テキスト入力フィールド、OKボタン、Cancelボタンのポップアップウィンドウです。文字列の入力に使います。

リスト4.3: 4_1_3_popup_get_text.py

```
import PySimpleGUI as sg

value = sg.popup_get_text('名前を入力してください', title='入力')

sg.popup(value) # popup_get_textの戻り値を表示
```

配置方法

```
sg.popup_get_text('表示文字列', title='タイトル文字列')
```

表示したい文字列を第1引数に渡します。title=には、タイトルバーに表示する文字列を設定できます。title=を省略した場合は、表示文字列をタイトルバーに表示します。

値の取得方法

sg.popup_get_text()の戻り値は以下の通りです。テキスト入力フィールドの戻り値は必ず文字列型なので、数値型として入力したい場合は、いったん戻り値を取得してからint関数やfloat関数で数値型に変換する必要があります。

アクション	戻り値
OKをクリック	テキスト入力フィールドの文字列
Cancelをクリック	None
Xをクリック	None

実行例

図4.10: テキスト入力のポップアップウィンドウ

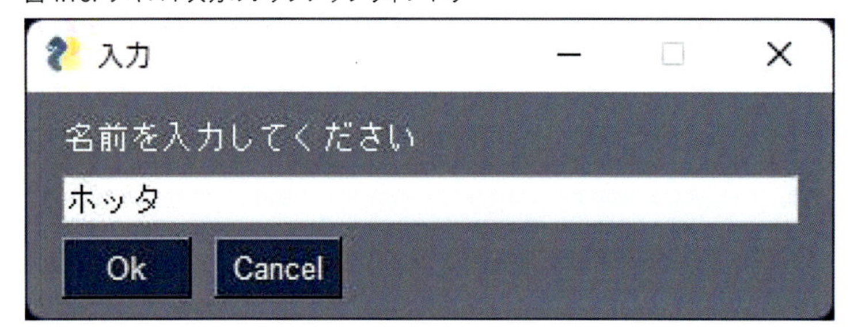

実行後の変数values表示

OKをクリックしたとき

図4.11: OKをクリックしたときの結果

Cancelをクリックしたとき

図4.12: Cancelをクリックしたときの結果

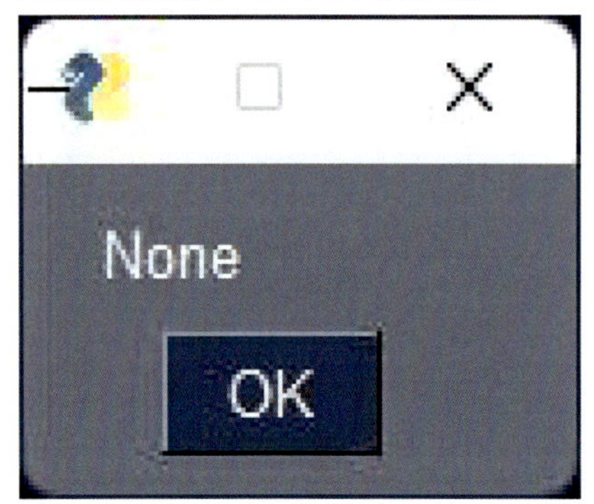

4.1.4 popup_get_file（ファイル入力のポップアップウィンドウ）

図4.13: ファイル入力のポップアップウィンドウ

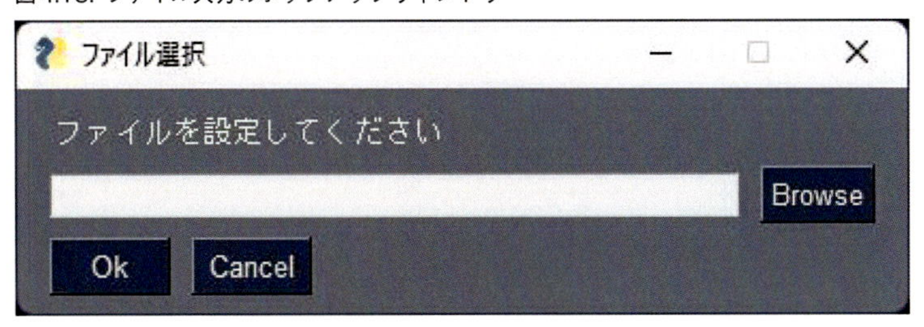

sg.popup_get_file()関数は、テキスト、ファイル入力フィールド、Browseボタン、OKボタン、Cancelボタンのポップアップウィンドウです。ファイルパスの入力に使います。

なお、sg.popup_get_folder()という関数もあります。これはファイルではなく、フォルダーパスの選択に使います。

リスト4.4: 4_1_4_popup_get_file.py

```
import PySimpleGUI as sg

value = sg.popup_get_file('ファイルを設定してください', title='ファイル選択')

sg.popup(value) # popup_get_fileの戻り値を表示
```

配置方法

```
sg.popup_get_file('表示文字列', title='タイトル文字列')
```

表示したい文字列を第1引数に渡します。title=にはタイトルバーに表示する文字列を設定できます。title=を省略した場合は、表示文字列をタイトルバーに表示します。

値の取得方法

sg.popup_get_file()の戻り値は以下の通りです。

アクション	戻り値
OKをクリック	選択したファイルのパス
Cancelをクリック	None
Xをクリック	None

実行例

図4.14: ファイル入力のポップアップウィンドウ

Browseボタンをクリックすると、ファイル選択ダイアログウィンドウが開きます。

図4.15: ファイル選択ダイアログウィンドウ

ここでファイルを指定して右下の「開く」をクリックすると、指定したファイルパスがフルパスでテキスト入力フィールドに入力されます。

図4.16: ファイルパス入力

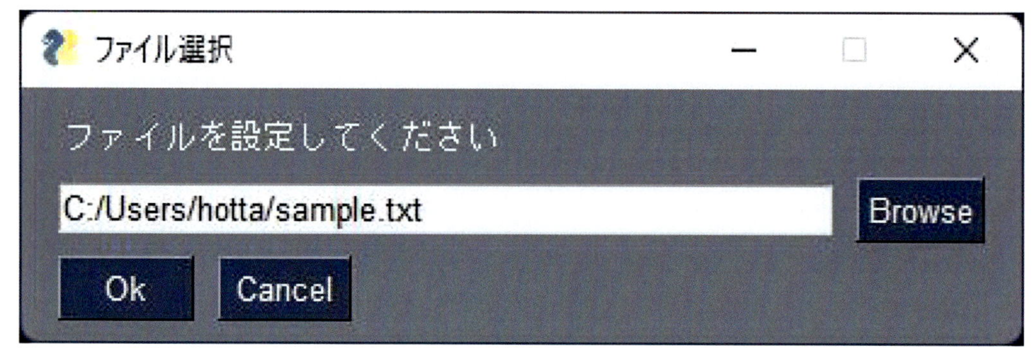

実行後の変数values表示

OKをクリックしたとき

図4.17: OKをクリックしたときの結果

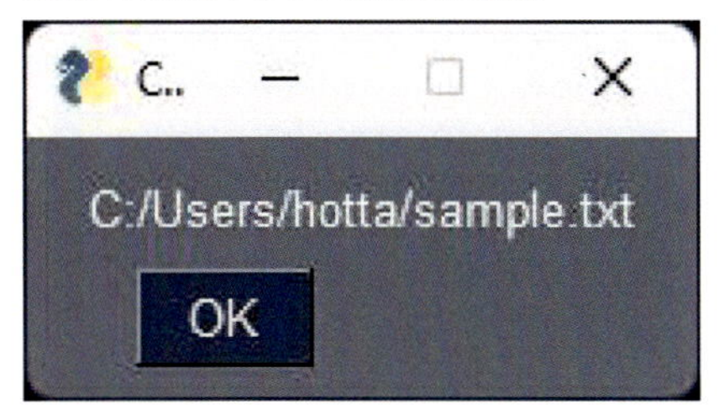

Cancelをクリックしたとき

図4.18: Cancelをクリックしたときの結果

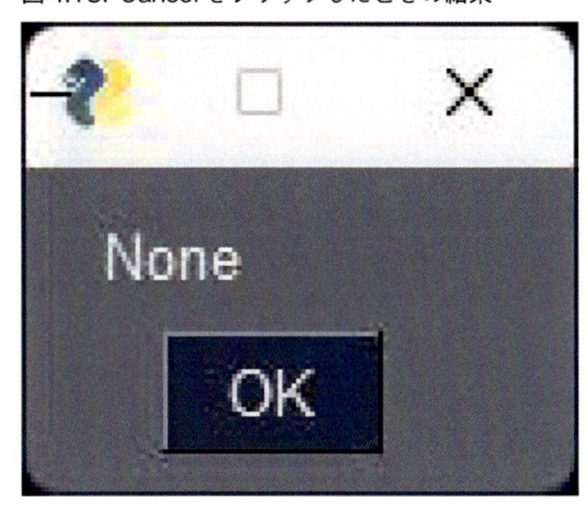

以上がポップアップウィンドウの説明です。PySimpleGUIには、他にもポップアップウィンドウが準備されています。他の部品も使いたい方は、PySimpleGUI公式ドキュメント（popup）（https://docs.pysimplegui.com/en/latest/documentation/quick_start/popups_output_type/を参照してください。

4.2　データ表示

データ表示系の部品は、各種データをGUI上に表示します。ここでは、以下の3つの部品について説明します。

1．Text（文字列表示）
2．Image（画像表示）
3．Table（テーブル表示）

これらの部品は表示のみで、アクションや値の読み取りはありません。オプション設定でボタンのようにクリックした際のアクションを設定することは可能ですが、クリックする対象がわかりづらいので、ボタンを使うことをオススメします。

4.2.1　Text（文字列表示）

図 4.19: 文字列表示

sg.Text() オブジェクトは、文字列を表示します。

リスト 4.5: 4_2_1_Text.py

```
import PySimpleGUI as sg

# 部品を定義し、配置順で2次元リストを作成
layout = [
    [sg.Text('PySimpleGUIの世界へようこそ！')]
    ]

# ウィンドウを表示し部品を配置
window = sg.Window('Title', layout)

# イベント待ちのための無限ループ
while True:
    # ウィンドウ読み取り
    event, values = window.read()

    # ウィンドウクローズ時はループを抜ける
    if event == None:
        break

window.close()
```

配置方法

```
sg.Text('表示文字列')
```

表示したい文字列を第1引数に渡します。

sg.Text() のオプションについて知りたい方は公式ドキュメント（Text）（https://docs.pysimplegui.com/en/latest/call_reference/tkinter/elements/text/）を参照ください。

4.2.2　Image（画像表示）

図 4.20: 画像表示

sg.Image() オブジェクトは、画像を表示します。

リスト 4.6: 4_2_2_Image.py

```
import PySimpleGUI as sg

# 部品を定義し、配置順で2次元リストを作成
layout = [
    [sg.Image('python.jpg')]
    ]

# ウィンドウを表示し部品を配置
window = sg.Window('Title', layout)

# イベント待ちのための無限ループ
while True:
    # ウィンドウ読み取り
    event, values = window.read()

    # ウィンドウクローズ時はループを抜ける
    if event == None:
        break

window.close()
```

配置方法

```
sg.Image('画像ファイルパス')
```

表示したい画像のファイルパスを第1引数に渡します。相対パスでも絶対パスのどちらでもよいです。表示できるのはGIF形式とjpg形式ファイルのみです。

`sg.Image()`のオプションについて知りたい方は、公式ドキュメント（Image）（https://docs.pysimplegui.com/en/latest/call_reference/tkinter/elements/image/）を参照ください。

4.2.3 Table（テーブル表示）

図4.21: テーブル表示

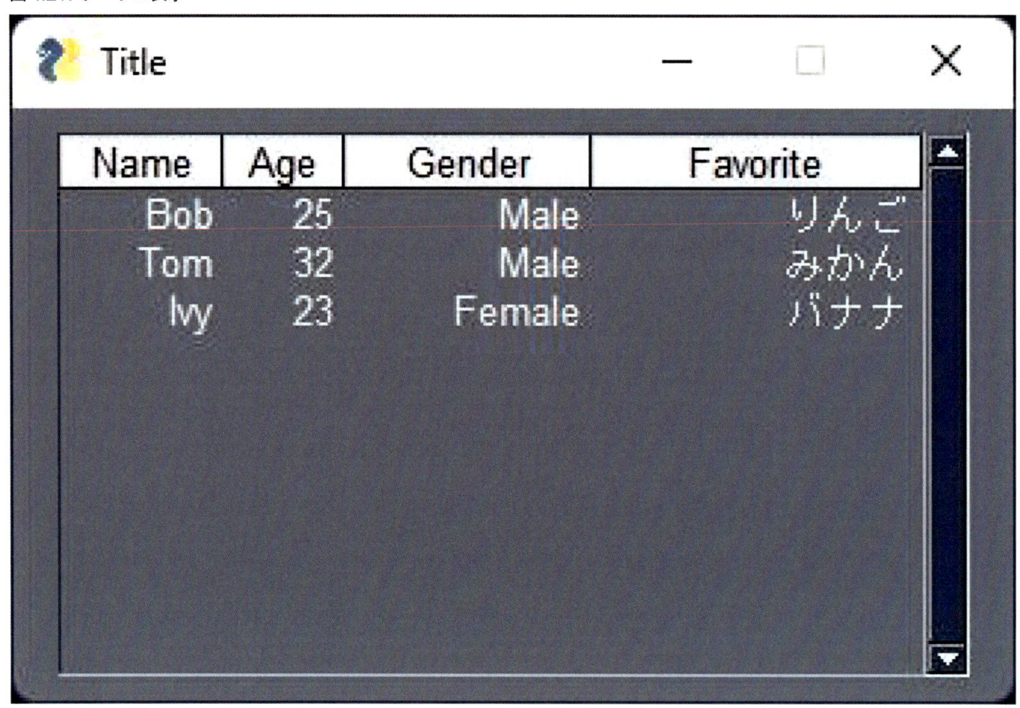

`sg.Table()`オブジェクトは、2次元リストを表（テーブル）形式で表示します。

リスト4.7: 4_2_3_Table.py

```
import PySimpleGUI as sg

# テーブルのヘッダを定義
header = ['Name', 'Age', 'Gender', 'Favorite']
# テーブルのデータを定義
member_list = [
    ['Bob', 25, 'Male', 'りんご'],
    ['Tom', 32, 'Male', 'みかん'],
```

```
    ['Ivy', 23, 'Female', 'バナナ'],
]

# 部品を定義し、配置順で2次元リストを作成
layout = [
    [sg.Table(member_list, headings=header)]
    ]

# ウィンドウを表示し部品を配置
window = sg.Window('Title', layout)

# イベント待ちのための無限ループ
while True:
    # ウィンドウ読み取り
    event, values = window.read()

    # ウィンドウクローズ時はループを抜ける
    if event == None:
        break

window.close()
```

配置方法

```
sg.Table(member_list[, headings=header][, justification='right'])
```

表示したいテーブルの2次元リストを第1引数に渡します。ヘッダ行がある場合は、そのリストをheadings=に渡します。

オプションjustification=を以下のように設定すると、文字の位置が変更できます。省略時の設定は右詰めです。

justification	表示位置
'right'	右詰め
'left'	左詰め
'center'　中央揃え	

以下は中央揃えの例です。

図4.22: 中央揃えテーブル

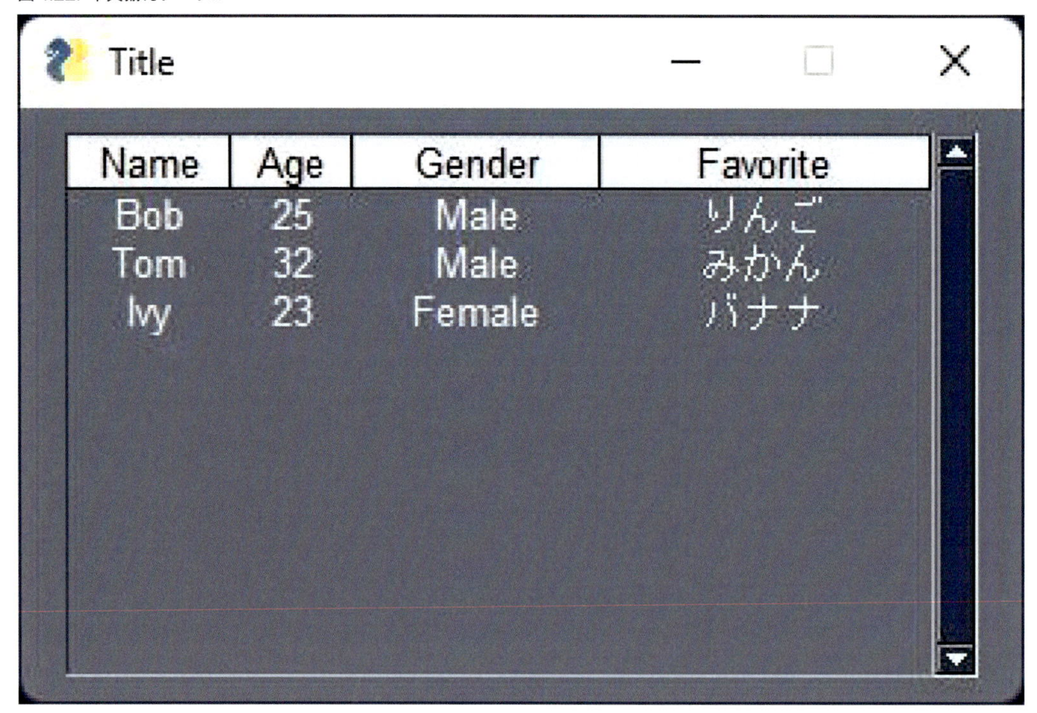

`sg.Table()`のオプションについて知りたい方は、公式ドキュメント（Table）（https://docs.pysimplegui.com/en/latest/call_reference/tkinter/elements/table/）を参照ください。

4.3 テキスト入力

テキスト入力系の部品は、GUI上でテキスト入力した内容を読み取ります。input関数と同じように使います。

ここでは、以下のふたつの部品について説明します。

1. Input（文字列入力）
2. Multiline（複数行文字列入力）

これらの部品は入力のみで、デフォルト設定では読み取りのためのアクションはありません。ボタンを用意してアクションを設定する必要があります。

4.3.1 Input（文字列入力）

図4.23: テキスト入力フィールド

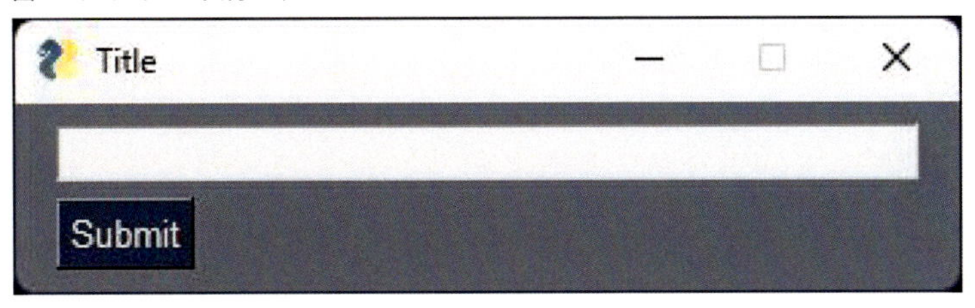

`sg.Input()` オブジェクトは、テキスト入力フィールドを表示します。

リスト4.8: 4_3_1_Input.py

```
import PySimpleGUI as sg

# 部品を定義し、配置順で2次元リストを作成
layout = [
    [sg.Input()],
    [sg.Button('Submit')],
    ]

# ウィンドウを表示し部品を配置
window = sg.Window('Title', layout)

# イベント待ちのための無限ループ
while True:
    # ウィンドウ読み取り
    event, values = window.read()

    # Submitをクリックしたときの処理
    if event == 'Submit':
        sg.popup(values)

    # ウィンドウクローズ時はループを抜ける
    if event == None:
        break

window.close()
```

配置方法

```
sg.Input()
```

引数は不要です。

値の取得方法

```
event, values = window.read()
```

クリックしたボタンの表示文字列が、`window.read()`の戻り値である文字列変数eventに格納されます。Submitボタンをクリックすると、変数eventには文字列`'Submit'`が格納され、ウィンドウ右上のXをクリックしたときは、Noneが変数eventに格納されます。

テキスト入力フィールドに入力した文字列は、Inputオブジェクトを配置したウィンドウの`window.read()`の戻り値である辞書型変数valuesに格納されます。

実行例

図4.24: テキスト入力フィールド

実行後の変数values表示

Submitをクリックしたとき

図4.25: Submitをクリックしたときの結果

このサンプルではテキスト入力フィールドがひとつしかないので、`values[0]`で値を取り出せます。

複数配置時の値の取得方法

`sg.Input()`や他の入力系オブジェクトを複数配置した場合は、配置を定義する2次元リストの記載順に辞書valuesのキー0, 1, 2...の順番で格納されます。

図4.26: テキスト入力フィールドを複数配置

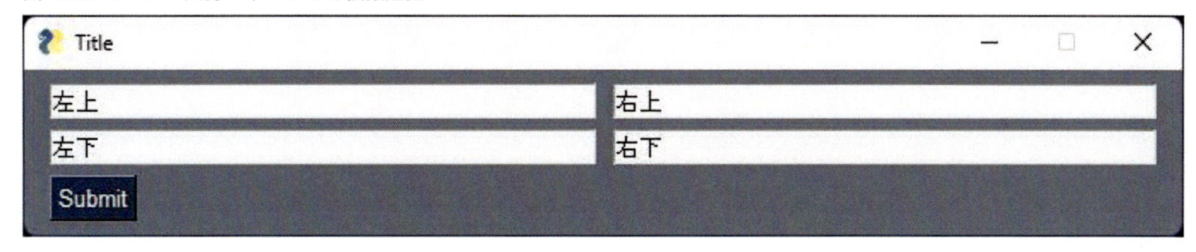

たとえば、上の図のように4つのテキスト入力フィールドを配置して入力した場合、辞書valuesの結果は以下です。

図4.27: テキスト入力フィールドを複数配置したときの結果

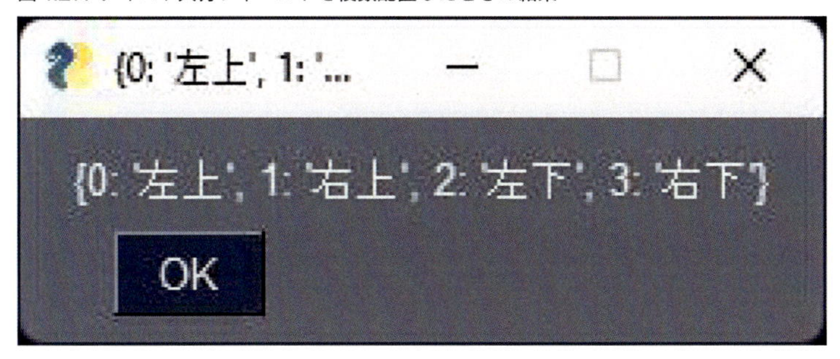

これら`sg.Input()`オブジェクトの配置は以下のように定義したので、2次元リストの定義順に辞書valuesのキー0, 1, 2, 3に格納されていることがわかります。

```
layout = [
    [sg.Input(), sg.Input()],
    [sg.Input(), sg.Input()],
    [sg.Button('Submit')],
    ]
```

`sg.Input()`のオプションについて知りたい方は、公式ドキュメント（Input）（https://docs.pysimplegui.com/en/latest/call_reference/tkinter/elements/input/）を参照ください。

4.3.2　Multiline（複数行文字列入力）

図4.28: 複数行文字列入力フィールド

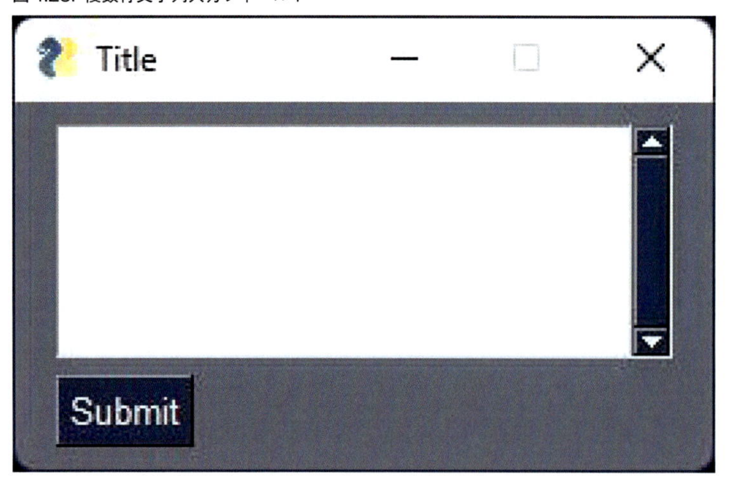

sg.Multiline()オブジェクトは、複数行のテキスト入力フィールドを表示します。sg.Input()オブジェクトはEnterキーでの改行は入力できませんが、sg.Multiline()はEnterキーで改行が入力できます。

リスト4.9: 4_3_2_Multiline.py

```
import PySimpleGUI as sg

# 部品を定義し、配置順で2次元リストを作成
layout = [
    [sg.Multiline(size=(30, 5))],
    [sg.Button('Submit')],
    ]

# ウィンドウを表示し部品を配置
window = sg.Window('Title', layout)

# イベント待ちのための無限ループ
while True:
    # ウィンドウ読み取り
    event, values = window.read()

    # Submitをクリックしたときの処理
    if event == 'Submit':
        sg.popup(values)
```

```
    # ウィンドウクローズ時はループを抜ける
    if event == None:
        break

window.close()
```

配置方法

```
sg.Multiline(size=(30, 5))
```

引数size=でウィンドウのサイズを設定します。size=(横方向, 縦方向)のように、整数で設定します。横方向はテキスト入力フィールドの幅、縦方向は行数です。size=を省略するとsize=(45, 1)を設定したのと同じサイズになります。このサイズだとフィールドの高さが1行分しかないので、複数行入力がしづらいです。ある程度入力する文字数や行数を想定して、サイズを設定しておきましょう。

値の取得方法

```
event, values = window.read()
```

クリックしたボタンの表示文字列が、window.read()の戻り値である文字列変数eventに格納されます。Submitボタンをクリックすると、変数eventには文字列'Submit'が格納され、ウィンドウ右上のXをクリックしたときは、Noneが変数eventに格納されます。

入力した文字列は、Inputオブジェクトと同様に、Multilineオブジェクトを配置したウィンドウのwindow.read()の戻り値である辞書型変数valuesに格納されます。

実行例

図4.29: 複数行の文字列を入力

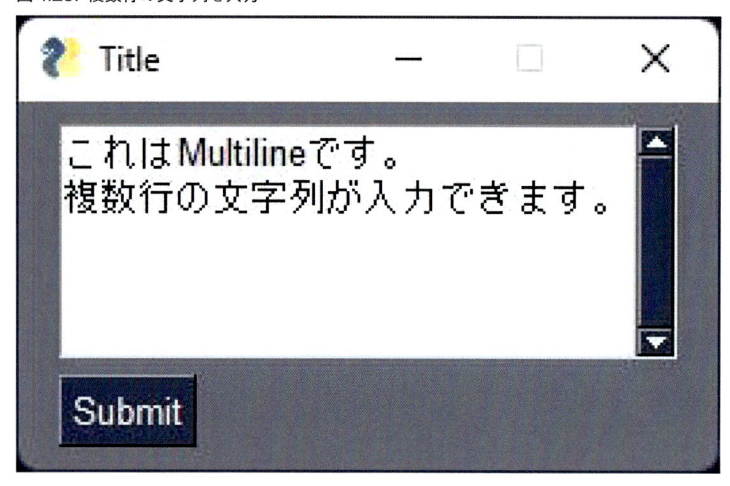

実行後の変数values表示

Submitをクリックしたとき

図4.30: Submitをクリックしたときの結果

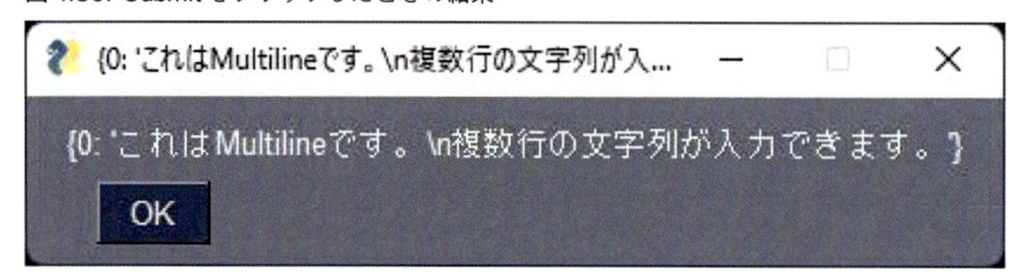

複数行記載した場合の改行は、`\n`になっていることがわかります。

`sg.Multiline()`のオプションについて知りたい方は公式ドキュメント（Multiline）（https://docs.pysimplegui.com/en/latest/call_reference/tkinter/elements/multiline/）を参照ください。

4.4 ボタン

ボタンは、クリックすることで何かのイベントアクションを起こします。OKやSubmitボタンのように状態を変化させるような使い方もできますし、複数のボタンを選択肢として実行するような使い方もできます。

ここでは、以下の3つの部品について説明します。

1. Button（ボタン）
2. FileBrowse（ファイル選択ボタン）
3. FolderBrowse（フォルダー選択ボタン）

4.4.1 Button（ボタン）

図4.31: ボタン

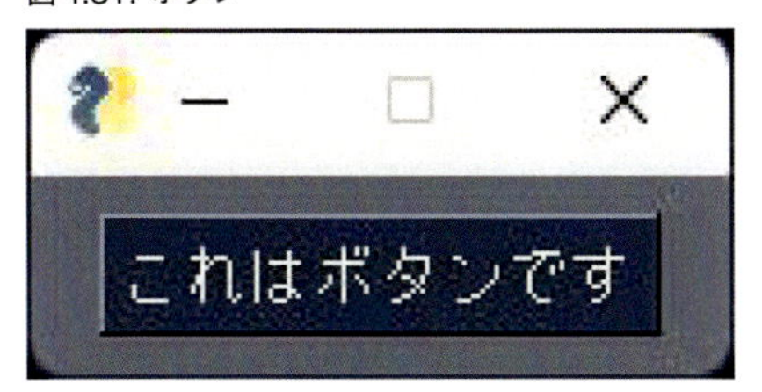

sg.Button() オブジェクトは、ボタンを表示します。

リスト4.10: 4_4_1_Button.py

```
import PySimpleGUI as sg

# 部品を定義し、配置順で2次元リストを作成
layout = [
    [sg.Button('これはボタンです')],
    ]

# ウィンドウを表示し部品を配置
window = sg.Window('Title', layout)

# イベント待ちのための無限ループ
while True:
    # ウィンドウ読み取り
    event, values = window.read()

    # ウィンドウクローズ時はループを抜ける
    if event == None:
        break

    # ボタンをクリックしたときのイベントを表示
    sg.popup(event)

window.close()
```

配置方法

```
sg.Button('表示文字列')
```

ボタンに表示したい文字列を第1引数に渡します。

値の取得方法

```
event, values = window.read()
```

クリックしたボタンの表示文字列が、`window.read()`の戻り値である文字列変数eventに格納されます。ウィンドウ右上のXをクリックしたときは、Noneが変数eventに格納されます。

実行例

図4.32: ボタンウィンドウ

実行後の変数values表示

ボタンをクリックしたとき

図4.33: ボタンをクリックしたときの結果

このサンプルコードは、変数eventをポップアップウィンドウで表示しています。ボタンの表示文字列が変数eventに代入されていることがわかります。

複数配置時の実行例

以下のコードは、ボタンを3つ配置した例です。

リスト4.11: 4_4_1_Buttonx3.py

```
import PySimpleGUI as sg

# 部品を定義し、配置順で2次元リストを作成
layout = [
    [sg.Button('グー'), sg.Button('チョキ'), sg.Button('パー'), ],
    ]
```

```
# ウィンドウを表示し部品を配置
window = sg.Window('Title', layout)

# イベント待ちのための無限ループ
while True:
    # ウィンドウ読み取り
    event, values = window.read()

    # ウィンドウクローズ時はループを抜ける
    if event == None:
        break

    # ボタンをクリックしたときのイベントを表示
    sg.popup(f'あなたは {event} を出しました')

window.close()
```

複数のボタンを配置した場合でも、変数eventにボタンの表示文字列が代入されます。このサンプルでは変数eventの値をポップアップウィンドウで表示しているだけですが、if文などの条件式に使うことで、クリックしたボタンによって処理を分岐できます。

図4.34: ボタンを３つ配置

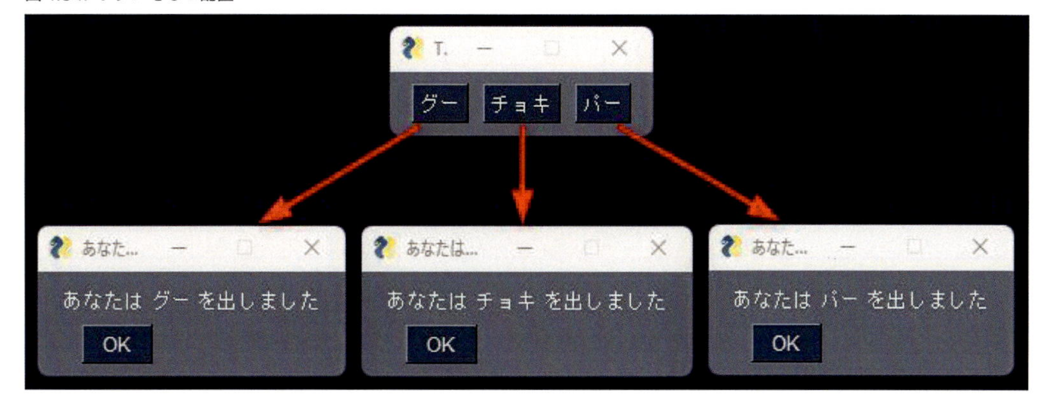

（この図は演出上のイメージであり、このサンプルコードでは3つのポップアップウィンドウは同時には表示しません）

`sg.Button()`のオプションについて知りたい方は、公式ドキュメント（Button）（https://docs.pysimplegui.com/en/latest/call_reference/tkinter/elements/button/）を参照ください。

4.4.2　FileBrowse（ファイル選択ボタン）

図4.35: ファイル選択ボタン

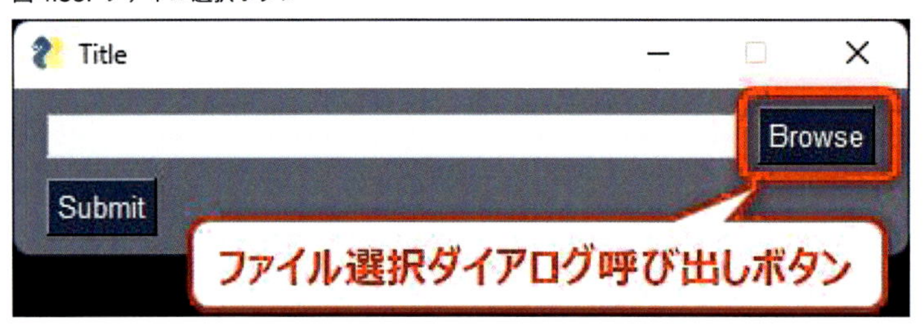

sg.FileBrowse()関数は、定義済みボタン（Pre-Defined Buttons）の一種です。定義済みボタンは、特定の名前や機能をあらかじめ定義したsg.Button()オブジェクトを配置します。

sg.FileBrowse()関数はファイル選択ダイアログを表示し、選択したファイルパスの文字列を取得します。ポップアップウィンドウのsg.popup_get_file()関数と同じ動作ですが、ポップアップウィンドウは他の部品を配置できないので、他の部品と組み合わせてGUIを作る場合は、sg.FileBrowse()関数を使います。

リスト4.12: 4_4_2_FileBrowse.py

```
import PySimpleGUI as sg

# 部品を定義し、配置順で2次元リストを作成
layout = [
    [sg.Input(), sg.FileBrowse()],
    [sg.Button('Submit')],
    ]

# ウィンドウを表示し部品を配置
window = sg.Window('Title', layout)

# イベント待ちのための無限ループ
while True:
    # ウィンドウ読み取り
    event, values = window.read()

    # Submitをクリックしたときの処理
    if event == 'Submit':
        sg.popup(values)

    # ウィンドウクローズ時はループを抜ける
    if event == None:
        break
```

```
window.close()
```

配置方法

```
[sg.Input(), sg.FileBrowse()]
```

sg.FileBrowse()関数は、左隣に配置したテキスト入力フィールドsg.Input()とセットで使います。テキスト入力フィールドを配置しなくてもBrowseボタンの値を読み取ることはできますが、選択したファイルパスを表示するためにテキスト入力フィールドを配置することをオススメします。

値の取得方法

```
event, values = window.read()
```

クリックしたボタンの表示文字列が、window.read()の戻り値である文字列変数eventに格納されます。Submitボタンをクリックすると、変数eventには文字列'Submit'が格納され、ウィンドウ右上のXをクリックしたときはNoneが変数eventに格納されます。

ファイル選択ダイアログで選択したファイルパスはテキスト入力フィールドに入力されるため、その値をwindow.read()の戻り値である辞書型変数valuesから読み取ります。

実行例

図 4.36: ファイル選択ダイアログ

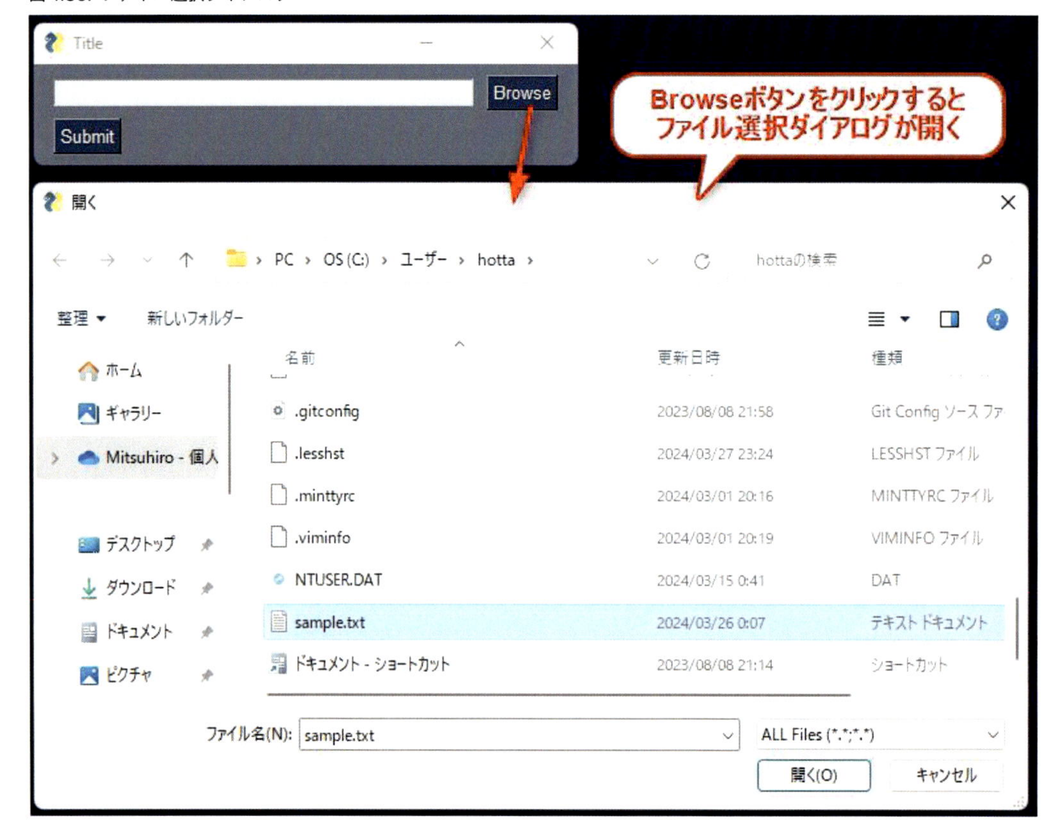

図 4.37: ファイル選択結果

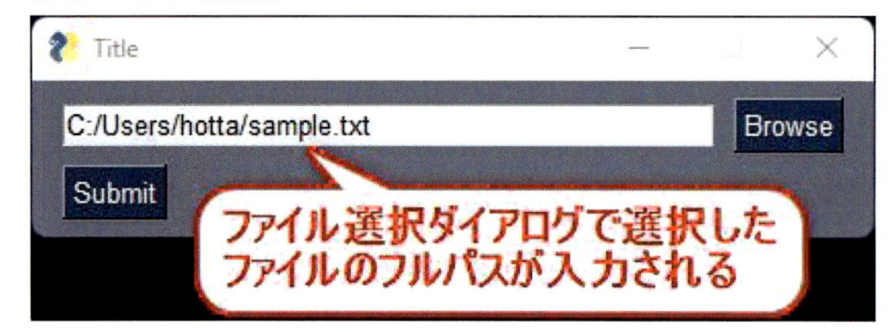

実行後の変数values表示

Submitをクリックしたとき

図4.38: Submitをクリックしたときの結果

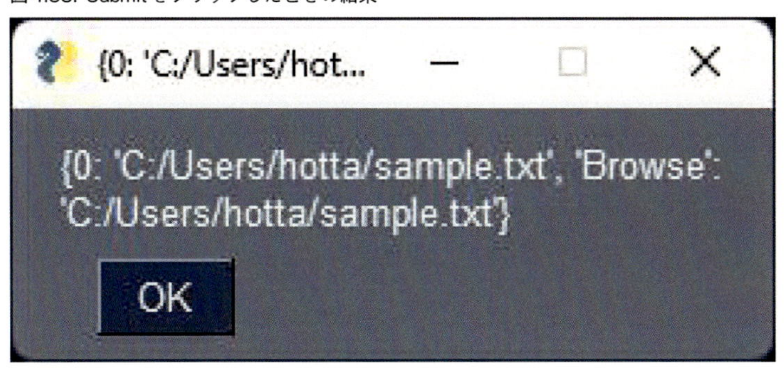

辞書型変数valuesのキー0に、テキスト入力フィールドの値が代入されています。

`sg.FileBrowse()`のオプションについて知りたい方は、公式ドキュメント（FileBrowse）（https://docs.pysimplegui.com/en/latest/call_reference/tkinter/elements/pre_defined_buttons/）のFileBrowseの項を参照ください。

4.4.3　FolderBrowse（フォルダー選択ボタン）

図4.39: フォルダー選択ボタン

`sg.FolderBrowse()`関数も`sg.FileBrowse()`関数と同様に定義済みボタン（Pre-Defined Buttons）の一種です。

`sg.FolderBrowse()`関数はフォルダー選択ダイアログを表示し、選択したフォルダーパスの文字列を取得します。`sg.FileBrowse()`との違いは、ファイルを選択するか、フォルダーを選択するかの違いのみです。

リスト4.13: 4_4_3_FolderBrowse.py

```
import PySimpleGUI as sg

# 部品を定義し、配置順で2次元リストを作成
layout = [
    [sg.Input(), sg.FolderBrowse()],
    [sg.Button('Submit')],
    ]
```

```
# ウィンドウを表示し部品を配置
window = sg.Window('Title', layout)

# イベント待ちのための無限ループ
while True:
    # ウィンドウ読み取り
    event, values = window.read()

    # Submitをクリックしたときの処理
    if event == 'Submit':
        sg.popup(values)

    # ウィンドウクローズ時はループを抜ける
    if event == None:
        break


window.close()
```

配置方法

```
[sg.Input(), sg.FolderBrowse()]
```

`sg.FolderBrowse()`関数は、左隣に配置したテキスト入力フィールド`sg.Input()`とセットで使います。テキスト入力フィールドを配置しなくてもBrowseボタンの値を読み取ることはできますが、選択したフォルダーパスを表示するためにテキスト入力フィールドを配置することをオススメします。

値の取得方法

```
event, values = window.read()
```

クリックしたボタンの表示文字列が、`window.read()`の戻り値である文字列変数eventに格納されます。Submitボタンをクリックすると、変数eventには文字列`'Submit'`が格納され、ウィンドウ右上のXをクリックしたときはNoneが変数eventに格納されます。

フォルダー選択ダイアログで選択したフォルダーパスはテキスト入力フィールドに入力されるため、その値を`window.read()`の戻り値である辞書型変数valuesから読み取ります。

実行例

図4.40: フォルダー選択ダイアログ

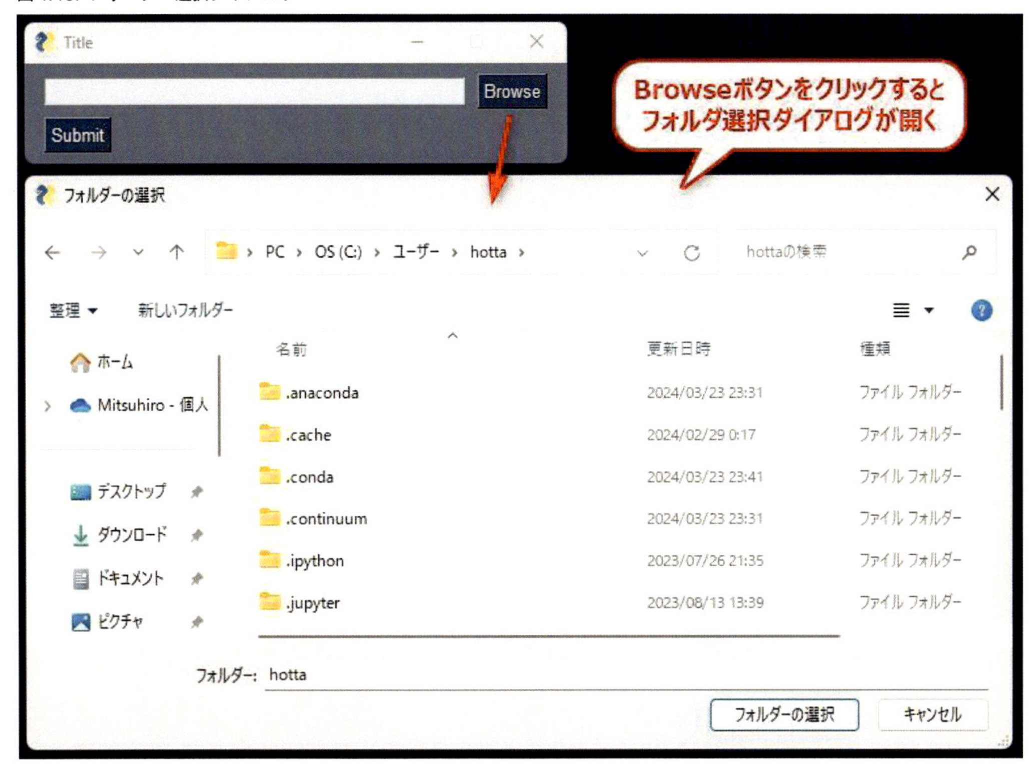

図4.41: フォルダー選択結果

実行後の変数values表示

Submitをクリックしたとき

図4.42: Submitをクリックしたときの結果

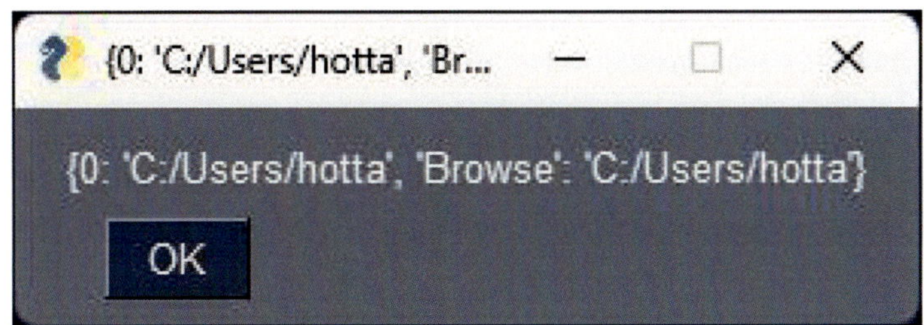

辞書型変数valuesのキー0に、テキスト入力フィールドの値が代入されています。

`sg.FolderBrowse()`のオプションについて知りたい方は、公式ドキュメント（FolderBrowse）（https://docs.pysimplegui.com/en/latest/call_reference/tkinter/elements/pre_defined_buttons/）のFolderBrowseの項を参照ください。

4.5 選択入力

選択入力は、複数の要素の選択肢からひとつまたは複数の要素を選択して入力するための部品です。テキスト入力ではなく、あらかじめ入力したいデータが決まっている場合に使います。

ここでは、以下の4つの部品について説明します。

1. Checkbox（チェックボックス）
2. Radio（ラジオボタン）
3. Spin（スピン）
4. Combo（コンボ）

4.5.1 Checkbox（チェックボックス）

図4.43: チェックボックス

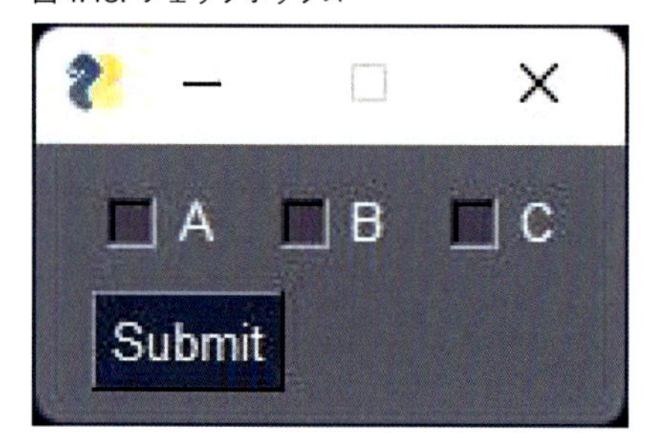

`sg.Checkbox()`オブジェクトは、チェックボックスを表示します。チェックボックスは、複数の項目を選択する部品です。項目名を表示してそれぞれの項目にチェックをつけることで、複数の項目を選択できます。

リスト4.14: 4_5_1_Checkbox.py

```
import PySimpleGUI as sg

# 部品を定義し、配置順で2次元リストを作成
layout = [
     # Checkboxの項目をリストで設定
    [sg.Checkbox('A'), sg.Checkbox('B'), sg.Checkbox('C')],
    [sg.Button('Submit')],
    ]
```

```
# ウィンドウを表示し部品を配置
window = sg.Window('Title', layout)

# イベント待ちのための無限ループ
while True:
    # ウィンドウ読み取り
    event, values = window.read()

    # Submitをクリックしたときの処理
    if event == 'Submit':
        sg.popup(values)

    # ウィンドウクローズ時はループを抜ける
    if event == None:
        break

window.close()
```

配置方法

```
[sg.Checkbox('項目表示名'), ...]
```

チェックボックスに表示したい文字列を第1引数に渡します。ひとつ以上の項目をリストにすることで、複数のチェックボックスを配置できます。

値の取得方法

```
event, values = window.read()
```

クリックしたボタンの表示文字列が、`window.read()`の戻り値である文字列変数eventに格納されます。Submitボタンをクリックすると、変数eventには文字列`'Submit'`が格納され、ウィンドウ右上のXをクリックしたときは、Noneが変数eventに格納されます。

チェックした項目は`True`、チェックしなかった項目は`False`が、チェックボックスを配置したウィンドウの`window.read()`の戻り値である辞書型変数valuesに格納されます。

チェックボックスを複数配置した場合は、配置を定義する2次元リストのはじめに書いた部品から順番に、辞書valuesのキー0, 1, 2... の順番に入力したデータが格納されます。

実行例

図4.44: チェックボックスへの入力

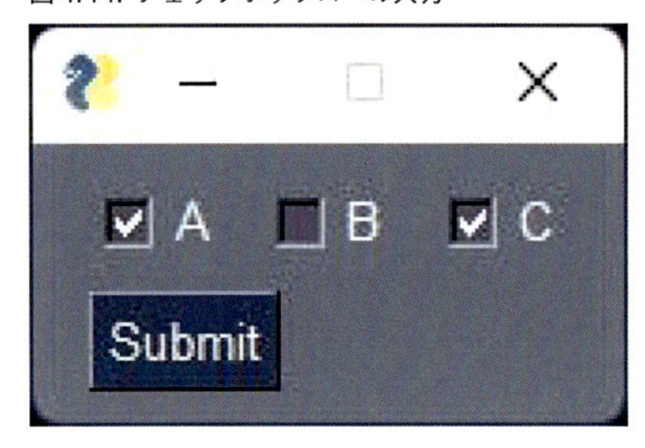

実行後の変数values表示

AとCをチェックした場合

図4.45: AとCをチェックしたときの結果

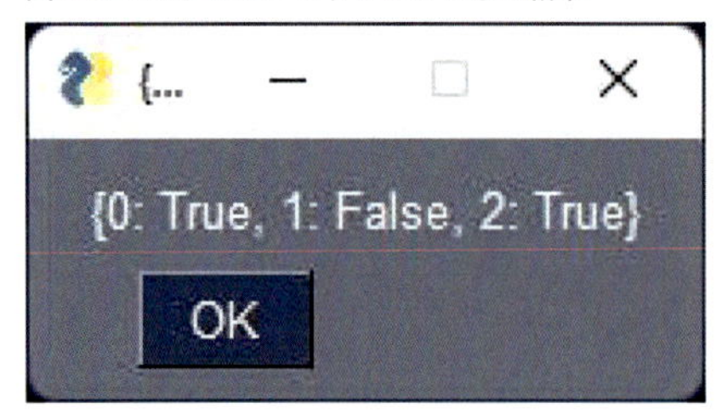

項目Aと項目Cにチェックを入れたので、辞書valuesのキー0とキー2の値はTrueになり、キー1の値はFalseになります。

`sg.Checkbox()`のオプションについて知りたい方は、公式ドキュメント（Checkbox）（https://docs.pysimplegui.com/en/latest/call_reference/tkinter/elements/checkbox/）を参照ください。

4.5.2　Radio（ラジオボタン）

図4.46: ラジオボタン

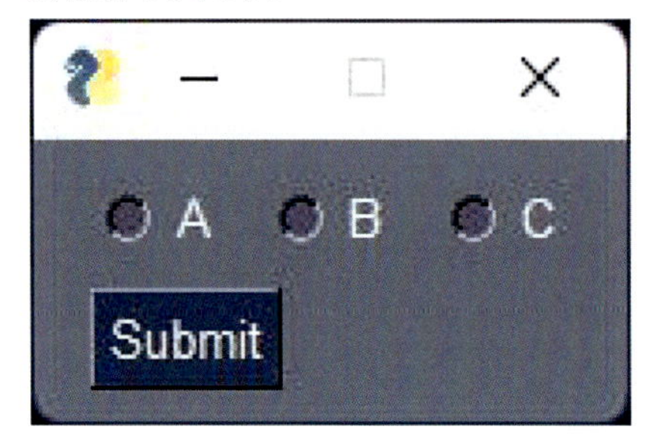

`sg.Radio()`オブジェクトは、ラジオボタンを表示します。ラジオボタンは、グループ内の複数の項目からひとつを選択する部品です。グループ内の項目を複数選択することはできません。複数選択したい場合はチェックボックスを使います。

リスト4.15: 4_5_2_Radio.py

```
import PySimpleGUI as sg

# 部品を定義し、配置順で2次元リストを作成
layout = [
     # Radioの項目をリストで設定
    [sg.Radio('A', 'group1'), sg.Radio('B', 'group1'), sg.Radio('C', 'group1')],
    [sg.Button('Submit')],
    ]

# ウィンドウを表示し部品を配置
window = sg.Window('Title', layout)

# イベント待ちのための無限ループ
while True:
    # ウィンドウ読み取り
    event, values = window.read()

    # Submitをクリックしたときの処理
    if event == 'Submit':
        sg.popup(values)

    # ウィンドウクローズ時はループを抜ける
    if event == None:
        break

window.close()
```

配置方法

```
[sg.Radio('A', 'group1'), sg.Radio('B', 'group1'), sg.Radio('C', 'group1')]
```

ラジオボタンに表示したい文字列を第1引数に、グループ名の文字列を第2引数に渡します。同じグループ名のラジオボタンを複数選択することはできません。

値の取得方法

```
event, values = window.read()
```

クリックしたボタンの表示文字列が、`window.read()`の戻り値である文字列変数eventに格納さ

れます。Submitボタンをクリックすると、変数eventには文字列`'Submit'`が格納され、ウィンドウ右上のXをクリックしたときはNoneが変数eventに格納されます。

チェックした項目は`True`、チェックしなかった項目は`False`が、ラジオボタンを配置したウィンドウの`window.read()`の戻り値である辞書型変数valuesに格納されます。

ラジオボタンを複数配置した場合は、配置を定義する2次元リストのはじめに書いた部品から順番に、辞書valuesのキー0, 1, 2...の順番に入力したデータが格納されます。

実行例

図4.47: ラジオボタンへの入力

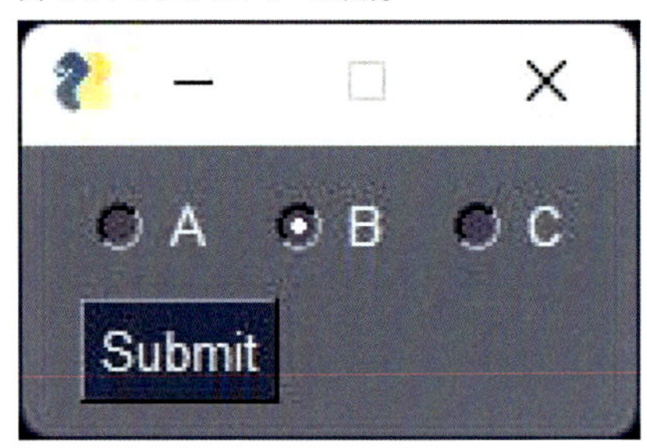

実行後の変数values表示

Bをチェックした場合

図4.48: Bをチェックしたときの結果

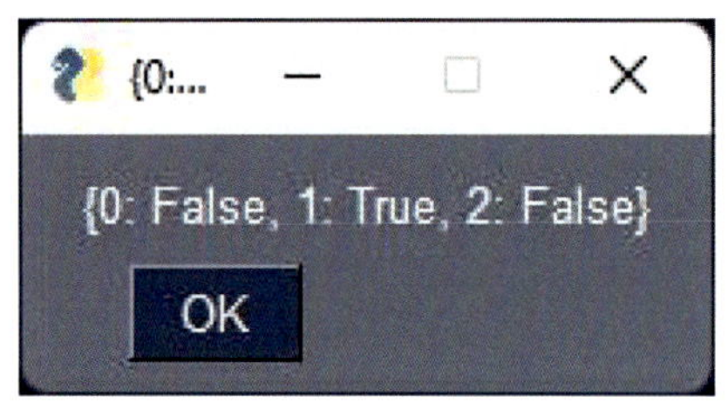

項目Bにチェックを入れたので、辞書valuesのキー1がTrueになり、キー0とキー2の値はFalseになります。

グループを複数配置する方法

ラジオボタンのグループを複数配置する場合は、以下のようにグループ名を変えた`sg.Radio()`を配置します。それぞれのグループで1項目選択できます。

```
[sg.Radio('A', 'group1'), sg.Radio('B', 'group1'), sg.Radio('C', 'group1')],
[sg.Radio('D', 'group2'), sg.Radio('E', 'group2'), sg.Radio('F', 'group2')],
```

図4.49: ラジオボタンのグループを複数配置

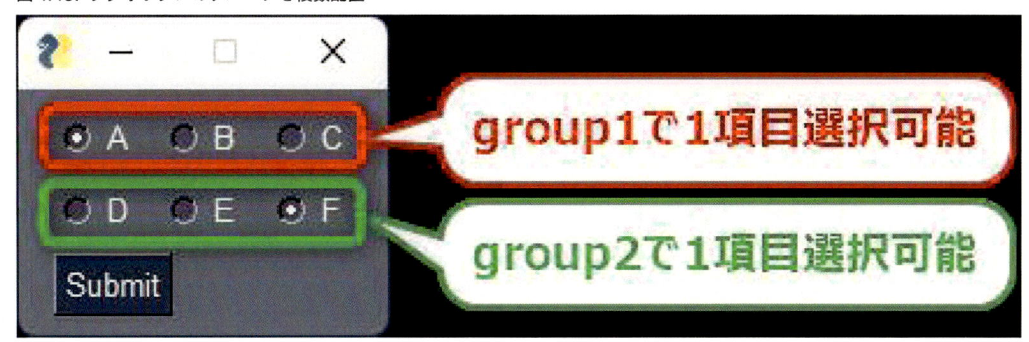

この例ではラジオボタンを6個配置しているので、辞書valuesのキー0〜5にA〜Fの項目が割り当てられ、選択しているAとFを表す0と5がTrue、それ以外がFalseになります。

図4.50: ラジオボタンのグループを複数配置したときの結果

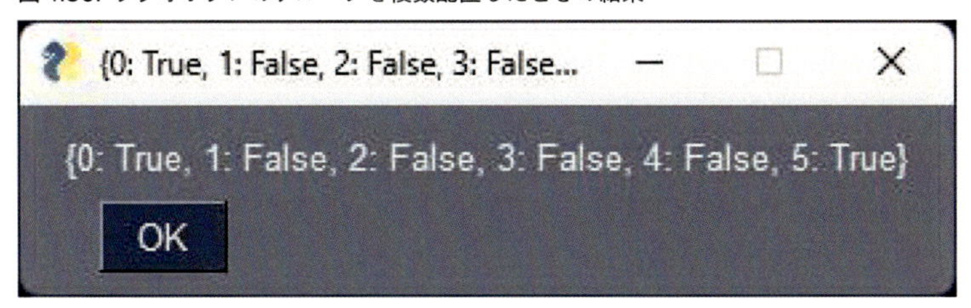

`sg.Radio()`のオプションについて知りたい方は、公式ドキュメント（Radio）（https://docs.pysimplegui.com/en/latest/call_reference/tkinter/elements/radio/）を参照ください。

4.5.3 Spin（スピン）

図4.51: スピン

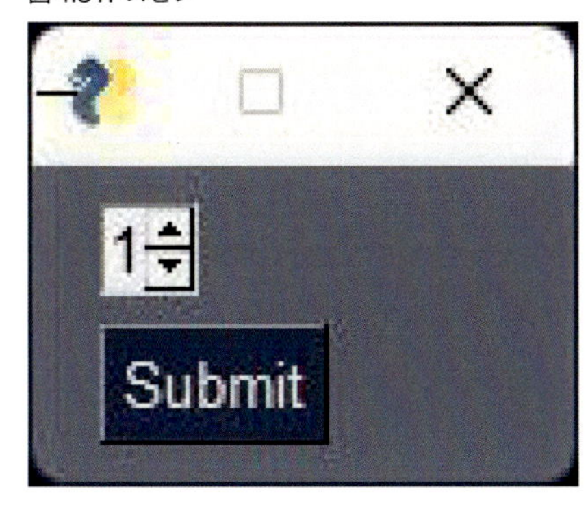

`sg.Spin()`オブジェクトは、スピンを表示します。スピンは、複数の項目から▲▼ボタンをクリックしてひとつの項目を選択する部品です。主に決まった範囲の数値を入れるのに使いますが、文字列も項目に設定できます。

リスト4.16: 4_5_3_Spin.py

```
import PySimpleGUI as sg

# 部品を定義し、配置順で2次元リストを作成
layout = [
     # Spinの項目をリストで設定
    [sg.Spin(list(range(1, 11)))],
    [sg.Button('Submit')],
    ]

# ウィンドウを表示し部品を配置
window = sg.Window('Title', layout)

# イベント待ちのための無限ループ
while True:
    # ウィンドウ読み取り
    event, values = window.read()

    # Submitをクリックしたときの処理
    if event == 'Submit':
        sg.popup(values)

    # ウィンドウクローズ時はループを抜ける
    if event == None:
        break

window.close()
```

配置方法

```
sg.Spin(項目リスト)
```

選択肢に表示したい数値または文字列のリストを第1引数に渡します。

値の取得方法

```
event, values = window.read()
```

クリックしたボタンの表示文字列が、`window.read()`の戻り値である文字列変数eventに格納されます。Submitボタンをクリックすると、変数eventには文字列`'Submit'`が格納され、ウィンドウ

右上のXをクリックしたときは、Noneが変数eventに格納されます。

スピンで設定した値は、チェックボックスを配置したウィンドウの`window.read()`の戻り値である辞書型変数valuesに格納されます。

実行例

図4.52: スピンへの入力

実行後の変数values表示

3を選択した場合

図4.53: 3を選択したときの結果

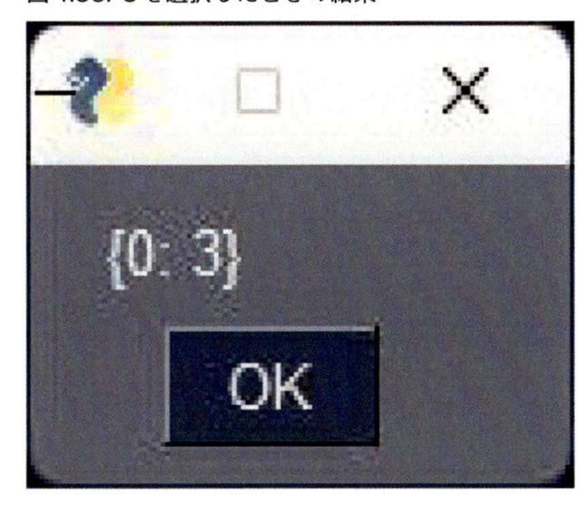

3を選択したので、辞書valuesのキー0の値は3になります。

`sg.Spin()`のオプションについて知りたい方は、公式ドキュメント（Spin）（https://docs.pysimplegui.com/en/latest/call_reference/tkinter/elements/spin/）を参照ください。

4.5.4　Combo（コンボ）

図4.54: コンボ

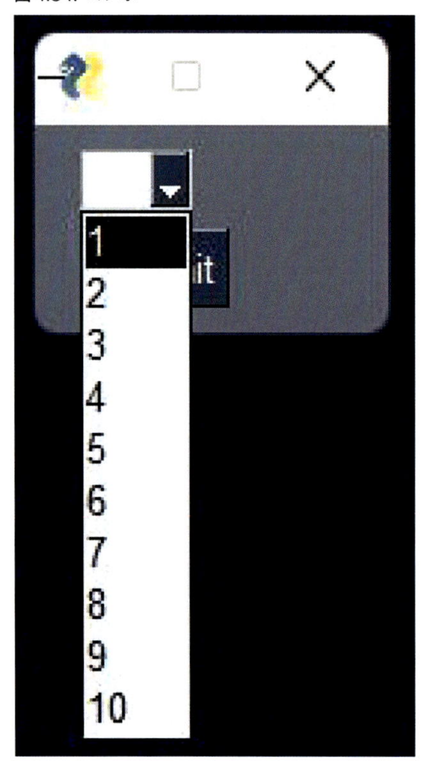

sg.Combo()オブジェクトは、コンボを表示します。コンボは、複数の項目からプルダウンでひとつを選択する部品です。数値または文字列を選択できます。

リスト4.17: 4_5_4_Combo.py

```
import PySimpleGUI as sg

# 部品を定義し、配置順で2次元リストを作成
layout = [
     # Comboの項目をリストで設定
    [sg.Combo(list(range(1, 11)))],
    [sg.Button('Submit')],
    ]

# ウィンドウを表示し部品を配置
window = sg.Window('Title', layout)

# イベント待ちのための無限ループ
while True:
```

```
    # ウィンドウ読み取り
    event, values = window.read()

    # Submitをクリックしたときの処理
    if event == 'Submit':
        sg.popup(values)

    # ウィンドウクローズ時はループを抜ける
    if event == None:
        break

window.close()
```

配置方法

```
sg.Combo(項目リスト)
```

選択肢に表示したい数値または文字列のリストを第1引数に渡します。

値の取得方法

```
event, values = window.read()
```

クリックしたボタンの表示文字列が、`window.read()`の戻り値である文字列変数eventに格納されます。Submitボタンをクリックすると、変数eventには文字列`'Submit'`が格納され、ウィンドウ右上のXをクリックしたときはNoneが変数eventに格納されます。

コンボで設定した値は、チェックボックスを配置したウィンドウの`window.read()`の戻り値である辞書型変数valuesに格納されます。

実行例

図4.55: コンボへの入力

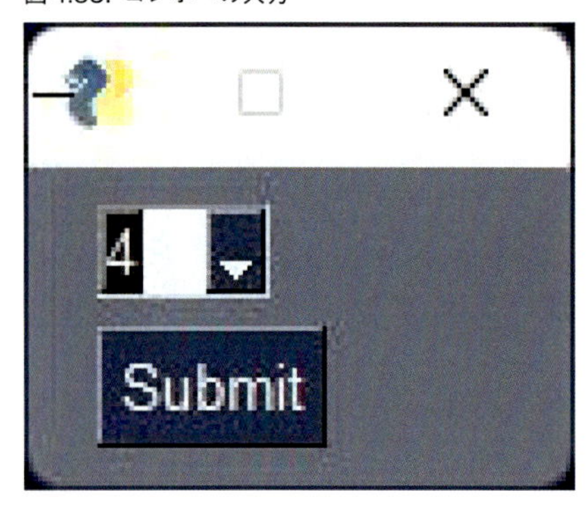

実行後の変数values表示

4を選択した場合

図4.56: 4を選択したときの結果

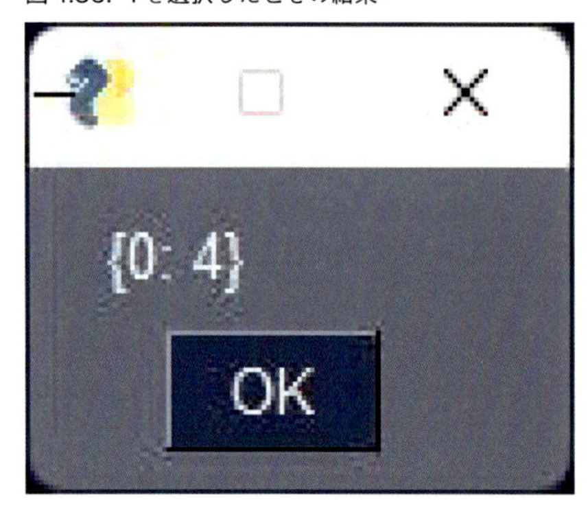

4を選択したので、辞書valuesのキー0の値は4になります。

`sg.Combo()`のオプションについて知りたい方は、公式ドキュメント（Combo）（https://docs.pysimplegui.com/en/latest/call_reference/tkinter/elements/combo/）を参照ください。

スピンとコンボでよく使うオプション

ここで、スピンとコンボでよく使うオプションをふたつ紹介します。オプションは、各オブジェクトを呼び出すときにキーワード=値というキーワード引数として設定します。

・sizeオプション：部品のサイズを設定

・readonlyオプション：選択肢以外の入力を禁止する

まずは、sizeオプションを紹介します。

sizeオプションは、部品のサイズを設定します。xは横幅、yは高さ（行数）です。ここまで紹介したすべての部品で設定できますが、設定しない場合は自動的にちょうどよいサイズになるので、行数を設定する必要があるMultiline以外では設定していませんでした。

しかし、スピンやコンボで文字列を指定した場合は右側にあるボタンで文字列が隠れてしまうため、設定した方が見やすい場合があります。

```
# size設定なし
sg.Combo(['明治', '大正', '昭和', '平成', '令和'])
# size設定あり
sg.Combo(['明治', '大正', '昭和', '平成', '令和'], size=(5, 1))
```

sizeオプション有無での実行結果は以下です。size設定なしの場合は文字が▼で隠れていますが、sizeを設定することで見やすくなります。sizeの数値は文字列の長さで調整してください。

図4.57: コンボでのサイズ設定

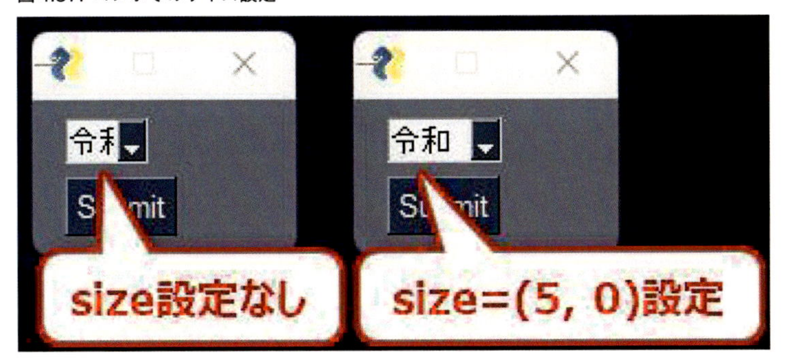

次に、readonlyオプションを紹介します。

実はスピンとコンボは、デフォルト設定ではキーボードから入力することで選択肢以外を入力してしまうことも可能です。よって、想定外の入力がされてしまう可能性もあります。

以下のコードでは明治から令和までの元号を選択させたいのですが、スピンの選択肢にキーボードで数値や文字列を入力できてしまうので、このように選択肢にない元号も設定できてしまいます。

```
sg.Combo(['明治', '大正', '昭和', '平成', '令和'], size=(5, 1))
```

図4.58: 選択肢にない文字列を入力

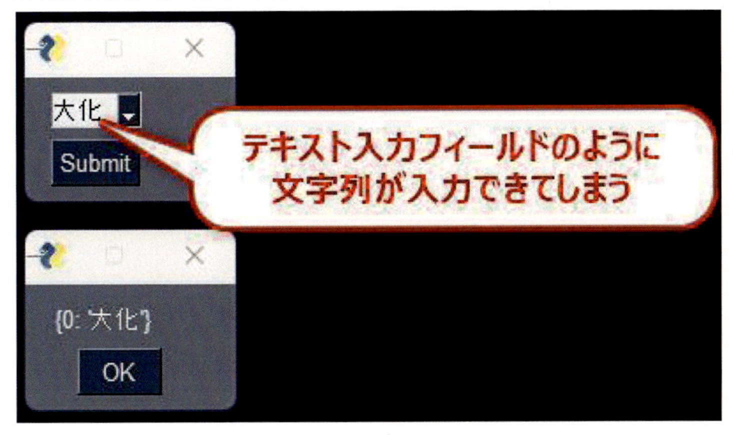

これを防ぐためには、以下のようにreadonly=Trueを引数に設定すると、選択肢以外の数値や文

字列を入力できなくなります。

```
sg.Combo(['明治', '大正', '昭和', '平成', '令和'], size=(5, 1), readonly=True)
```

スピンとコンボを使うときは、必要に応じてsizeとreadonlyオプションを設定しておくとよいでしょう。

4章では、いろいろな部品の作り方を紹介しました。5章では、知っておくとデスクトップアプリ作成に便利なテクニックを紹介します。

第5章　便利な機能

この章では、デスクトップアプリ作成のために必須ではないですが、知っていると便利な機能について説明します。

5.1　部品のキー設定方法

デスクトップアプリを作成していくと、部品を複数配置する場合もあると思います。3章と4章では、ウィンドウに何らかのアクションがあったときには、そのアクションの内容を変数eventに、その時点のウィンドウ内の部品に入力した内容を辞書型変数valuesに格納するという説明をしました。

ここでは、部品にキーを設定することで、イベントまたはデータの参照を、キーで行う方法について説明します。

5.1.1　イベントをキーで取得する方法

```
event, values = window.read()
```

おさらいですが、変数eventにはボタンの表示文字列が格納されます。その変数eventの値を条件式に設定したif文などで動作を分岐します。

では、たとえばこのようなクイズアプリのボタンの場合はどうでしょうか。

図5.1: 百人一首クイズアプリ

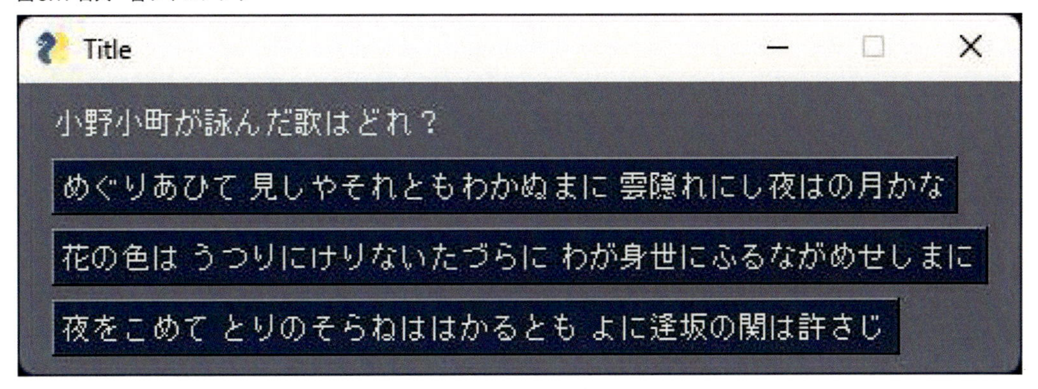

このコードを書くと、以下のようになります。ボタンをクリックすると、ポップアップウィンドウで判定結果を表示します。

リスト5.1: 5_1_1_Button_long.py

```
import PySimpleGUI as sg

# 部品を定義し、配置順で2次元リストを作成
layout = [
    [sg.Text('小野小町が詠んだ歌はどれ？')],
    [sg.Button('めぐりあひて 見しやそれともわかぬまに 雲隠れにし夜はの月かな')],
    [sg.Button('花の色は うつりにけりないたづらに わが身世にふるながめせしまに')],
    [sg.Button('夜をこめて とりのそらねははかるとも よに逢坂の関は許さじ')],
    ]

# ウィンドウを表示し部品を配置
window = sg.Window('Title', layout)

# イベント待ちのための無限ループ
while True:
    # ウィンドウ読み取り
    event, values = window.read()

    # ウィンドウクローズ時はループを抜ける
    if event == None:
        break

    if event == '花の色は うつりにけりないたづらに わが身世にふるながめせしまに':
        sg.popup('おめでとう！正解です！')
    else:
        sg.popup('残念！不正解です！')

window.close()
```

この場合、正解を判定している以下のif文がとても長くなってしまいます（回答一覧をリスト型や辞書型の変数に入れておくというやり方もありますが、いずれにしてもどれを正解とするかはif文の条件式に書く必要があります）。

```
if event == '花の色は うつりにけりないたづらに わが身世にふるながめせしまに':
    sg.popup('おめでとう！正解です！')
else:
    sg.popup('残念！不正解です！')
```

このようなときに、ボタンにキーを設定するとコードが簡潔に書けます。キーの設定方法は以下

のように、引数にkey=キーの名前を設定します。キーの名前は文字列や数値で設定可能です。

```
layout = [
    [sg.Text('小野小町が詠んだ歌はどれ？')],
    [sg.Button('めぐりあひて　見しやそれともわかぬまに　雲隠れにし夜はの月かな', key=1)],
    [sg.Button('花の色は　うつりにけりないたづらに　わが身世にふるながめせしまに', key=2)],
    [sg.Button('夜をこめて　とりのそらねははかるとも　よに逢坂の関は許さじ', key=3)],
    ]
```

キーを設定すると、変数eventにはボタンの表示文字列ではなく、設定したキーが代入されます。よって、正解を判定するif文は以下のように短く書けます。

```
    if event == 2:
        sg.popup('おめでとう！正解です！')
    else:
        sg.popup('残念！不正解です！')
```

今回の場合は正解を判定するだけなので、以下のコードのように書くこともできます。正解の選択肢だけ特定のキーを指定しておけば、問題が変わって正解の順番が変わってもif文を書き換えなくてすみます。

```
layout = [
    [sg.Text('小野小町が詠んだ歌はどれ？')],
    [sg.Button('めぐりあひて　見しやそれともわかぬまに　雲隠れにし夜はの月かな')],
    [sg.Button('花の色は　うつりにけりないたづらに　わが身世にふるながめせしまに', key='正解
')],
    [sg.Button('夜をこめて　とりのそらねははかるとも　よに逢坂の関は許さじ')],
    ]
```

この場合のif文は以下です。キーを設定しない場合は、デフォルト設定と同じボタンの表示文字列がキーになりますが、今回は正解だけがわかればよいので、不正解の選択肢はキーを指定しなくてもよいです。

```
    if event == '正解':
        sg.popup('おめでとう！正解です！')
    else:
        sg.popup('残念！不正解です！')
```

これでシンプルかつわかりやすいコードになりました。キーの名前は、変数eventの条件式が理解しやすいように設定すると、読みやすいコードになります。

5.1.2 データをキーで取得する方法

今度は入力データの場合です。キーはデータ入力系の部品にも設定できますので、その活用方法を説明します。

```
event, values = window.read()
```

おさらいですが、このときの変数valuesは辞書型変数で、辞書のキーは部品の定義順に0, 1, 2...と続く数字が設定されています。

では、このようにいくつかの情報を入力するアプリの場合はどうでしょうか。

図5.2: 個人情報入力アプリ

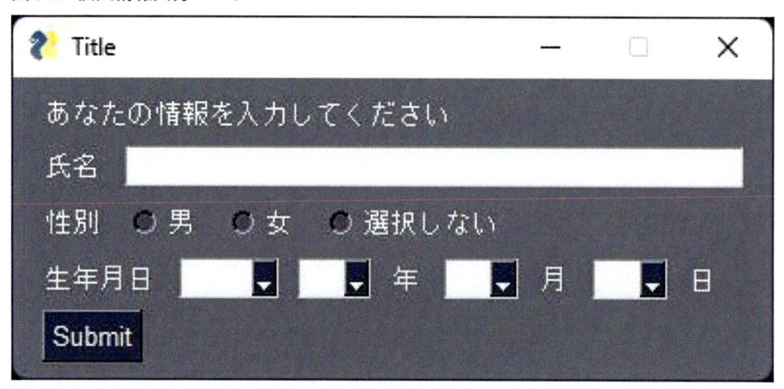

このアプリのコードは以下の通りです。

リスト5.2: 5_1_2_Inputapp_key.py

```
import PySimpleGUI as sg

era_name = ['明治', '大正', '昭和', '平成', '令和']

# 部品を定義し、配置順で2次元リストを作成
layout = [
    [sg.Text('あなたの情報を入力してください')],
    [sg.Text('氏名'), sg.Input()],
    [
        sg.Text('性別'),
        sg.Radio('男', 'group1'),
        sg.Radio('女', 'group1'),
        sg.Radio('選択しない', 'group1'),
    ],
    [
        sg.Text('生年月日'),
        sg.Combo(era_name, size=(5, 1)),
```

```
        sg.Combo(list(range(1, 65)), size=(3, 1)),
        sg.Text('年'),
        sg.Combo(list(range(1, 13)), size=(3, 1)),
        sg.Text('月'),
        sg.Combo(list(range(1, 32)), size=(3, 1)),
        sg.Text('日'),
    ],
    [sg.Button('Submit')],
    ]

# ウィンドウを表示し部品を配置
window = sg.Window('Title', layout)

# イベント待ちのための無限ループ
while True:
    # ウィンドウ読み取り
    event, values = window.read()

    # Submitをクリックしたときの処理
    if event == 'Submit':
        sg.popup(values)

    # ウィンドウクローズ時はループを抜ける
    if event == None:
        break

window.close()
```

情報を入力してSubmitボタンをクリックし、変数valuesを見てみましょう。

図5.3: 個人情報を入力

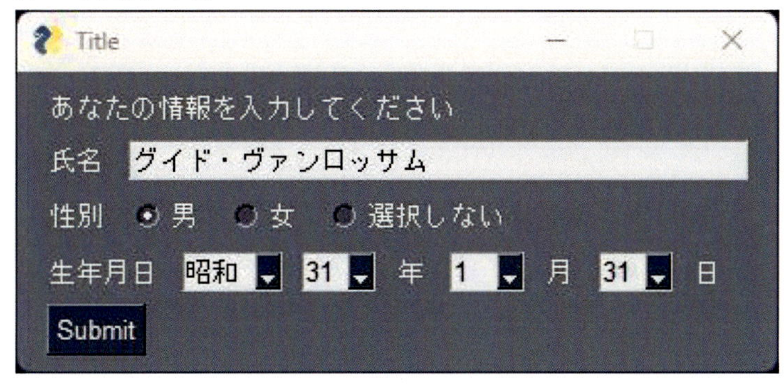

図5.4: 個人情報入力結果

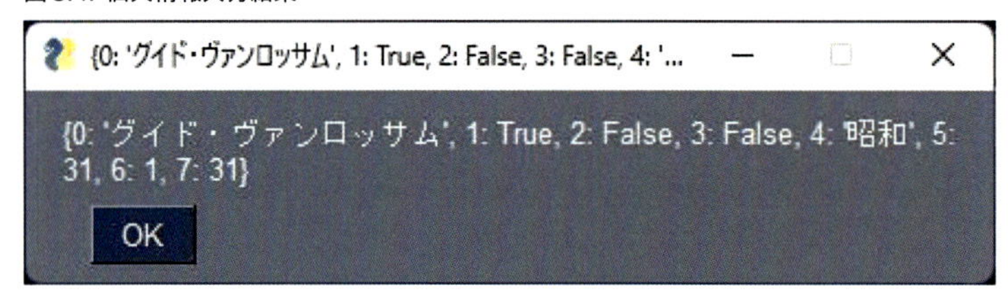

このように、それぞれの入力部品の順番で辞書valuesのキーが0, 1, 2...と順番に設定されていますが、部品が多い場合はどの番号がどの部品の入力かもわかりづらいです。しかも途中で部品を増やした場合は、そこから後ろの番号が変わってしまうため、呼び出し側のコードも変える必要があります。

そこで部品にkey=を設定することで、辞書valuesのキーが部品で設定したkey=の値になります。たとえば、リストlayoutを以下のように設定します。

```
layout = [
    [sg.Text('あなたの情報を入力してください')],
    [sg.Text('氏名'), sg.Input(key='name')],
    [
        sg.Text('性別'),
        sg.Radio('男', 'group1', key='male'),
        sg.Radio('女', 'group1', key='female'),
        sg.Radio('選択しない', 'group1', key='dns'),
    ],
    [
        sg.Text('生年月日'),
        sg.Combo(era_name, size=(5, 1), key='era'),
        sg.Combo(list(range(1, 65)), size=(3, 1), key='year'),
        sg.Text('年'),
        sg.Combo(list(range(1, 13)), size=(3, 1), key='month'),
        sg.Text('月'),
        sg.Combo(list(range(1, 32)), size=(3, 1), key='day'),
        sg.Text('日'),
    ],
    [sg.Button('Submit')],
    ]
```

図5.5: key=の設定内容

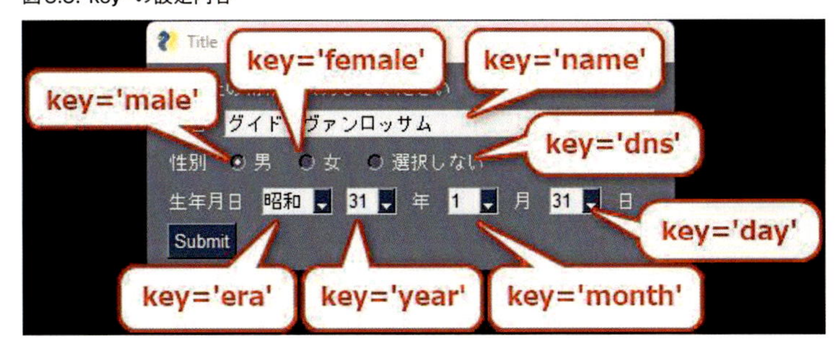

このように、部品ごとにkey=を設定しています。これでSubmitをクリックし、変数valuesを見てみます。

図5.6: key設定時の個人情報入力結果

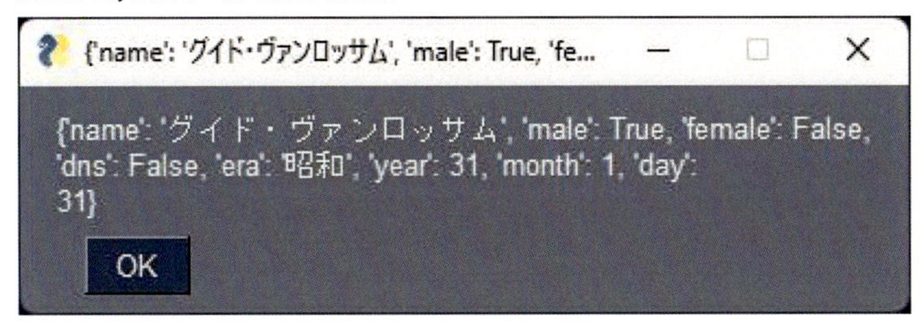

辞書のキーがkey=で設定した値になっていることがわかります。これで、辞書のそれぞれの要素を参照しやすくなりました。たとえば、名前であれば`values['name']`のように、番号ではなく名前で要素が取り出せますので、コードが読みやすくなります。

このように、部品のキーはイベントでもデータのどちらでも使える便利な機能です。コードが読みやすくなるため、複雑なGUIのコードを書いた後の保守もしやすくなります。ぜひ活用してみてください。

5.2 部品更新方法

実務で使うデスクトップアプリを作っていくと、一度設定した部品の表示内容などを更新したい場合があります。

たとえば、ボタンを押すたびに1から6の数字をランダムに表示するサイコロアプリを例に説明します。

最初はこんな感じです。

図5.7: サイコロアプリ

「サイコロを振る」ボタンをクリックすると、結果に数字が入ります。

図5.8: サイコロアプリの結果

この機能を実現するには、結果を表示している`sg.Text()`オブジェクトの値を更新する必要があります。

このアプリのコードは以下の通りです。

リスト5.3: 5_2_1_Diceapp.py

```
import random
import PySimpleGUI as sg

# 部品を定義し、配置順で2次元リストを作成
layout = [
    [sg.Button('サイコロを振る')],
    [sg.Text('結果：', key='result')],
    ]

# ウィンドウを表示し部品を配置
window = sg.Window('title', layout)

# イベント待ちのための無限ループ
while True:
    # ウィンドウ読み取り
    event, values = window.read()

    # ウィンドウクローズ時はループを抜ける
```

```
    if event == None:
        break

    # サイコロを振って表示
    if event == 'サイコロを振る':
        # 1から6までの乱数を発生させる
        roll = random.randint(1, 6)
        # テキストを更新
        window['result'].update(f'結果： {roll}')

window.close()
```

サイコロを振るにはランダムな数値を発生させる必要があるため、randomモジュールをインポートしています。

このコードの手順は以下2点です。

・内容を更新したい部品にキーkey=を設定する

・部品のキーを指定してupdateで更新

まず部品配置で、変更対象となるsg.Text()オブジェクトに、5.1項で説明したキーkey='result'を設定しておきます。このキーが、文字列の更新時にどの部品を更新するのかの目印になります。

```
layout = [
    [sg.Button('サイコロを振る')],
    [sg.Text('結果：', key='result')],
    ]
```

次に、「サイコロを振る」ボタンを押したときの動作を説明します。

```
    # サイコロを振って表示
    if event == 'サイコロを振る':
        # 1から6までの乱数を発生させる
        roll = random.randint(1, 6)
        # テキストを更新
        window['result'].update(f'結果： {roll}')
```

「サイコロを振る」ボタンを押したことを判定するif文を書きます。変数eventに'サイコロを振る'という文字列が入るので、if文の条件式にします。

random.randint(1, 6)で1から6までの整数をランダムに発生させ、変数rollに代入します。

最後にテキストを更新します。window['result']は、ウィンドウのオブジェクトwindowに配置してある'result'というキーの部品を指し示します。その部品の情報を更新するには、update()メソッドを使います。

```
window['result'].update(f'結果： {roll}')
```

これは、windowオブジェクトにあるresultがキーに設定された部品の文字列を結果： サイコロの目に更新するコードです。これで、ボタンを押すたびに結果がランダムに変わります。

update()メソッドは、データ表示系の部品Text()・Image()・Table()やボタンButton()の表示文字列を更新したり、テキスト入力系の部品Input()・Multiline()の入力を消去するのにも使えます。

以下はテキスト入力フィールドsg.Input()の入力内容を消去するボタンを追加した例です。

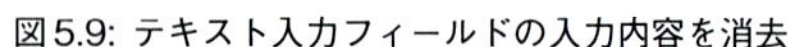
図5.9: テキスト入力フィールドの入力内容を消去

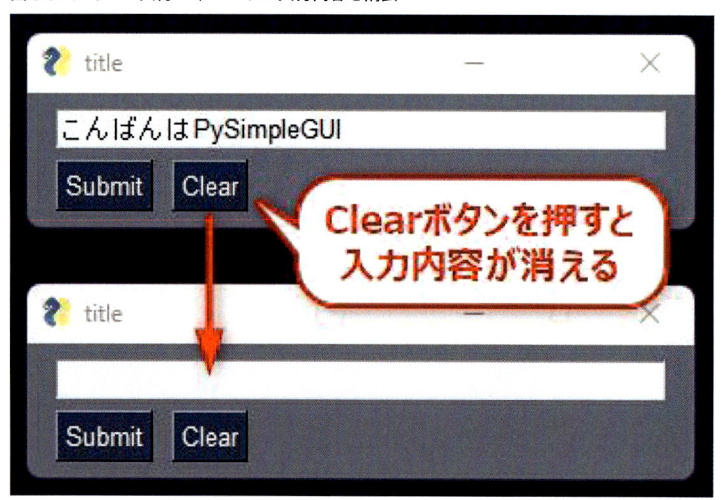

コードは以下です。

リスト5.4: 5_2_2_Input_clear.py

```
import PySimpleGUI as sg

# 部品を定義し、配置順で2次元リストを作成
layout = [
    [sg.Input(key='input')],
    [sg.Button('Submit'), sg.Button('Clear')],
    ]

# ウィンドウを表示し部品を配置
window = sg.Window('title', layout)

# イベント待ちのための無限ループ
while True:
    # ウィンドウ読み取り
```

```
    event, values = window.read()

    # ウィンドウクローズ時はループを抜ける
    if event == None:
        break

    # Clearボタンをクリックしたらテキスト入力フィールドを消去
    if event == 'Clear':
        window['input'].update('')

    # Submitをクリックしたら結果を表示
    if event == 'Submit':
        sg.popup(values)

window.close()
```

sg.Input(key='input')でテキスト入力フィールドにキーを設定しておき、Clearボタンを押したときにwindow['input'].update('')で入力内容を消去しています。

以上が、PySimpleGUIの便利な使い方の説明です。ここまでの3章から5章の内容で、それなりに本格的なデスクトップアプリが作れるようになると思います。みなさんの作りたいアプリに応じて、GUIをカスタマイズしてみてください。

付録A　付録

A.1　参考サイト

この本では、PySimpleGUIでよく使いそうな一部の機能しか紹介していません。実際はもっと多くの機能があります。この本以外の機能を使いたい方、以下のサイトを参考にしてみてください。また、Web・書籍・動画での情報も多いので、探してみてください。

PySimpleGUIの公式Webサイト

```
https://www.pysimplegui.com/
```

PySimpleGUIの公式ドキュメント

英語ですが、すべての情報が載っています。

```
https://docs.pysimplegui.com/
```

PySimpleGUIの公式GitHub

公式Webサイトに載っているサンプルのコードが格納されています。

```
https://github.com/PySimpleGUI/PySimpleGUI
```

おわりに

最後まで読んでいただき、ありがとうございます。

この本では、PythonでGUIを使ったデスクトップアプリを簡単に作る方法について説明してきました。

この本で紹介した機能は、PySimpleGUIのほんの一部です。もし興味がある方は、公式ドキュメントやWebなどで調べてみていただければと思います。

ただし、ノンプログラマーがPythonで作るツール程度であれば、この本の内容で必要最低限のデスクトップアプリが作れると思います。大規模なアプリを時間かけて作るのもよいですが、小さい単機能のツールをたくさん作っていくほうが実務に役立つケースが多いかと思います。

みなさんのツールをデスクトップアプリにする助けになれば幸いです。

この本を書くにあたって、学習コミュニティー「ノンプログラマーのためのスキルアップ研究会（ノンプロ研）」の技術ライティング講座を受講し、そこで技術書をはじめとする技術文書の書き方を教わりました。講座の講師陣のみなさま、同期の受講生のみなさまの励ましもあって書き上げることができました。ありがとうございます。

この本は私にとってはじめての技術同人誌でしたが、おかげさまで楽しく書くことができました。また機会があれば書いてみたいと思います。

思い起こせば、PySimpleGUIというライブラリーに出会えたのもノンプロ研の先輩メンバーの紹介でしたし、ノンプロ研のPython講座での学びがベースとなってこの本を書くに至るところまできました。あらためて、学習コミュニティーの力は大きいというのを再認識しました。

最後に、この本を書くにあたって企画をご指導いただいたノンプロ研主宰のタカハシさん、編集を担当いただいたHirocom777さん、校正をサポートいただいたもりさん、そして技術の泉シリーズでの出版に際して大変お世話になった山城敬さんとインプレスNextPublishingのみなさま、ありがとうございました。

図1: Thank you!

著者紹介

ホッタ

2019年に学習コミュニティ「ノンプログラマーのためのスキルアップ研究会」（ノンプロ研）に入会。ノンプロ研のPython初心者講座を受講したことがきっかけで、Pythonを用いた業務効率化やツール制作に取り組んでいる。講座卒業後はノンプロ研の講座にて講師役を務めたり、職場で勉強会を開催するなど、ノンプログラマーがPythonを学びやすくなるような活動を行っている。ノンプロ研技術ライティング講座受講をきっかけに技術同人誌を執筆し2024年5月の技書博10/技術書典16にて頒布した。

◎本書スタッフ
アートディレクター/装丁：岡田章志＋GY
編集協力：山部沙織
ディレクター：栗原 翔
〈表紙イラスト〉
佐藤 実可子（さとう みかこ）
宮城県出身・在住のWebデザイナー兼イラストレーター。
技術同人誌サークル「杜の都の開発室」では表紙とイラストを担当。

技術の泉シリーズ・刊行によせて
技術者の知見のアウトプットである技術同人誌は、急速に認知度を高めています。インプレス NextPublishingは国内最大級の即売会「技術書典」（https://techbookfest.org/）で頒布された技術同人誌を底本とした商業書籍を2016年より刊行し、これらを中心とした『技術書典シリーズ』を展開してきました。2019年4月、より幅広い技術同人誌を対象とし、最新の知見を発信するために『技術の泉シリーズ』へリニューアルしました。今後は「技術書典」をはじめとした各種即売会や、勉強会・LT会などで頒布された技術同人誌を底本とした商業書籍を刊行し、技術同人誌の普及と発展に貢献することを目指します。エンジニアの"知の結晶"である技術同人誌の世界に、より多くの方が触れていただくきっかけになれば幸いです。

インプレス NextPublishing
技術の泉シリーズ　編集長　山城 敬

●落丁・乱丁本はお手数ですが、インプレスカスタマーセンターまでお送りください。送料弊社負担にてお取り替えさせていただきます。但し、古書店で購入されたものについてはお取り替えできません。
■読者の窓口
インプレスカスタマーセンター
〒 101-0051
東京都千代田区神田神保町一丁目 105番地
info@impress.co.jp

技術の泉シリーズ

Pythonで始める簡単デスクトップアプリ開発

PySimpleGUI入門

2025年1月24日　初版発行Ver.1.0（PDF版）

著　者　　ホッタ
編集人　　山城 敬
企画・編集　合同会社技術の泉出版
発行人　　高橋 隆志
発　行　　インプレス NextPublishing
〒101-0051
東京都千代田区神田神保町一丁目105番地
https://nextpublishing.jp/
販　売　　株式会社インプレス
〒101-0051　東京都千代田区神田神保町一丁目105番地

印刷・製本　京葉流通倉庫株式会社
Printed in Japan

ISBN978-4-295-60347-4